普通高等教育"十三五"规划教材

无机及分析化学实验

王元兰　邓　斌　段培高　主　编
王　琼　郭　鑫　副主编

化学工业出版社

·北京·

无机及分析化学实验是一门独立的基础实验课程，是学生进入大学后的第一门化学实验课程。它是研究元素及其化合物的性质、掌握定量分析方法以及基本操作和相关原理的一门化学实验课程，是培养学生化学实验技能与素质的最基础的实践环节。本教材是编者根据教学改革实践和教学发展需要，结合多年的教学实践而编写的。本书注重与理论教材的相互融合及互补，使实验课与理论课既自成体系，又互为依托，相辅相成，并注意实验课程和实验教材自身的衔接，强调系统性与相对独立性。全书分 5 章共 40 个实验，内容包括：绪论、化学实验基础知识、化学实验基本操作、基础实验、提高性实验及设计实验。本书的编写以加强基础训练和注重能力培养为主线，按照由浅入深、循序渐进的认识规律，将所选实验分成基本操作与技能、基础实验、提高性实验与设计实验 4 个层次，旨在使学生掌握化学实验的基本常识及操作技能，充分运用无机及分析化学基本原理，达到夯实基础、全面提高学生综合素质的效果。引入学生自主设计性实验，培养学生综合运用知识的能力与创新精神。

本书可作为高等院校化学、化学工程与工艺、制药工程、食品科学与工程、材料科学与工程、环境科学与工程、生物科学与工程等专业的实验教材，也可供相关专业的研究人员参考。

图书在版编目（CIP）数据

无机及分析化学实验/王元兰，邓斌，段培高主编．
北京：化学工业出版社，2015.8（2024.9重印）
普通高等教育"十三五"规划教材
ISBN 978-7-122-24020-0

Ⅰ.①无… Ⅱ.①王… Ⅲ.①无机化学-化学实验-
高等学校-教材②分析化学-化学实验-高等学校-教材
Ⅳ.①O61-33②O65-33

中国版本图书馆 CIP 数据核字（2015）第 106263 号

责任编辑：旷英姿　　　　　　　　文字编辑：林　媛
责任校对：宋　玮　　　　　　　　装帧设计：尹琳琳

出版发行：化学工业出版社（北京市东城区青年湖南街 13 号　邮政编码 100011）
印　　装：北京科印技术咨询服务有限公司数码印刷分部
787mm×1092mm　1/16　印张 9　字数 209 千字　2024 年 9 月北京第 1 版第 5 次印刷

购书咨询：010-64518888　　　　　　售后服务：010-64518899
网　　址：http://www.cip.com.cn
凡购买本书，如有缺损质量问题，本社销售中心负责调换。

定　　价：29.00 元

编 写 人 员

主　编　王元兰

副主编　王　琼　郭　鑫

编　委　（以姓氏笔画为序）

马　强　　　（中南林业科技大学）

王　琼　　　（中南林业科技大学）

王元兰　　　（中南林业科技大学）

王文磊　　　（中南林业科技大学）

邓　斌　　　（湘南学院）

段培高　　　（河南理工大学）

郭　鑫　　　（中南林业科技大学）

彭彩云　　　（湖南中医药大学）

前言

　　为了适应 21 世纪高等院校化学教育的发展趋势，中南林业科技大学和湖南中医药大学化学实验教学中心对无机化学和分析化学的实验教学的课程体系进行了整合优化，在保证原有无机化学和分析化学实验教学基本要求上，考虑到课程的系统性、科学性和完整性，将其与无机化学和分析化学的理论课剥离，重新组合实验内容，成为一门独立的课程，即"无机及分析化学实验"。

　　本教材是为适应新的实验教学体系，根据无机及分析化学实验教学的特点及要求进行编写的，适于作高等院校化学、生物、药学、环境、农林和化工等专业的无机及分析化学实验教材。教材内容包括绪论、化学实验基础知识、化学实验基本操作、基础实验以及提高性实验和设计实验等内容。

　　在教材内容和结构安排上，虽然没有区分无机化学、分析化学实验的界限，但是基本涵盖了这两个分支学科单独开设实验的内容。这样既体现了无机及分析化学实验的独立性，又兼顾了实验教学与课堂授课之间的密切关系；既有本门课程自身的独立性、系统性和科学性，又可以照顾到与各有关化学课程及其专业课程的联系与衔接。实验内容按基础实验、提高实验和设计实验三个层次，注重"双基"训练与"综合素质"的培养。在内容编排上，注重简明扼要、由浅入深、逐层提高，并兼顾不同专业的学生使用，强调学生自主学习的能力和综合素质的培养。

　　本书由王元兰、邓斌、段培高主编，并负责全书的策划、编排和审订及最后的统稿、复核工作。王琼、郭鑫任副主编，负责部分统稿和复核工作。参加本教材编写的有中南林业科技大学的王元兰、王琼、郭鑫、王文磊、马强，湘南学院邓斌，河南理工大学段培高和湖南中医药大学的彭彩云。

　　本书在编写过程中得到了中南林业科技大学、湖南中医药大学化学教研室同仁的支持，特别是中南林业科技大学的陈学泽教授提供了不少素材和修改建议，在此谨向他们致以诚挚的谢意！

　　本书可作为农学、林学、水产、食品、生物、资源与环境、材料、生化等专业的教材或参考书，也可供相关专业师生和科技人员参考。

　　由于编者水平有限，本教材中不妥之处在所难免，恳请读者不吝指正。

编者
2015 年 2 月

第5章　提高性实验及设计实验 /105

附录 /125

参考文献 /134

绪　论

1.1　无机及分析化学实验课程简介

无机及分析化学实验课是与《无机及分析化学》课程同步进行而又相对独立的一门实践性课程。

本课程将无机化学实验基本操作和分析化学实验基本操作进行了有机融合，形成了自身的实践教学课程体系。着重强调无机化学及分析化学实验的基本知识、基本操作和基本技能训练，并在此基础上适当安排能解决实际问题的综合性实验内容和拓展学生专业能力的研究性实验内容。旨在培养学生化学实验的基本操作技能，培养学生认识物质世界的思维方式和实践手段，培养从实际出发、实事求是的科学作风，树立准确的量的概念，建立正确记录、合理处理实验数据的工作方法，培养综合观察实验现象、分析推理实验事实、归纳总结事物变化规律的能力，提高学生环境保护意识。

通过本课程的实践，加强学生的感性认识，以期巩固和扩大无机及分析化学课堂教学效果。

1.2　实验课教学目的和任务

《无机及分析化学实验》是与无机及分析化学课程相衔接，与现代教育思想相适应，以基本操作技能训练为主，突出能力和素质培养，并适应学生个性发展的一门实践性课程。通过实验加深学生对化学基本理论和基础知识的理解和掌握，训练学生正确、熟练地掌握化学实验的基本操作方法、技能和技巧，培养学生独立思考、分析问题的能力和独立工作能力，培养学生事实求是的科学态度，认真、准确无误、细致和整洁等良好的科学习惯及科学的思维方法，从而逐步使学生掌握科学研究的方法。无机及分析化学实验的任务就是要通过这一教学环节，逐步达到上述各项目的，为培养高素质的科学研究和应用型技术开发人才打好基础。

在无机及分析化学的学习中，实验占有极其重要的地位，是基础化学实验平台的重要组成部分，也是高等院校化工、生物化工、环境科学等专业的主要基础课程。无机及分析化学实验作为一门独立设置的课程，突破了原无机化学和分析化学实验分科设课的界限，使之融为一体。旨在充分发挥无机及分析化学实验教学在素质教育和创新能力培养中的独特地位，使学生在实践中学习、巩固、深化和提高化学的基本知识、基本理论，掌握基本操作技术，培养实践能力和创新能力。通过实验，我们要达到以下四个方面的目的。

（1）掌握物质变化的感性知识，掌握重要化合物的制备、分离和分析方法，加深对基本理论和基本知识的理解，培养用实验方法获取新知识的能力。

（2）熟练地掌握实验操作的基本技术，正确使用无机及分析化学实验中的各种常见仪器，培养独立工作能力和独立思考能力，培养细致观察和及时记录实验现象以及归纳、综合、正确处理数据、用文字表达结果的能力，培养分析实验结果的能力和一定的组织实验、科学研究和创新能力。

（3）培养实事求是的科学态度，准确、细致、整洁等良好的科学习惯以及科学的思维方法，培养敬业、一丝不苟和团队协作的工作精神，养成良好的实验室工作习惯。

（4）了解实验室工作的有关知识，如实验室试剂与仪器的管理、实验可能发生的一般事故及其处理、实验室废液的处理方法等。

1.3　化学实验的学习方法

要很好地完成实验任务，达到上述实验目的，除了应有正确的学习态度外，还要有正确的学习方法。无机及分析化学实验课一般有以下三个重要环节。

1.3.1　预习

为了使实验能够获得良好的效果，实验前必须进行预习，通过阅读实验教材、书和参考资料，明确实验目的与要求，理解实验原理，弄清操作步骤和注意事项，设计好数据记录格式，写出简明扼要的预习报告（对综合性和设计性实验写出设计方案），并于实验前对时间作好统一安排，然后才能进入实验室有条不紊地进行各项操作。

1.3.2　实验

（1）提前 10～15min 进入实验室，完成实验前的预备工作如玻璃仪器清洗、干燥等。

（2）认真听指导教师讲解实验、回答问题，有疑问及时提出。

（3）遵守操作规程，进行规范操作。仔细观察实验现象，并及时如实地记录实验数据。

（4）实验中不大声喧哗、打闹，不随便走动，不乱拿仪器药品，爱护公物。公用物品用完后马上放回原处。保持实验室卫生。

1.3.3　实验报告

做完课堂实验只是完成实验的一半，余下更为重要的是分析实验现象，整理实验数据，将直接的感性认识提高到理性思维阶段。实验报告应包括以下内容。

（1）实验题目、日期；

（2）实验目的；

（3）实验原理；

（4）实验步骤：尽量采用表格、图表符号等形式清晰明了地表示；

（5）实验现象、数据记录：实验现象要仔细观察、全面正确表达，数据记录要完整；

（6）实验结果：解释、结论或数据处理，根据实验现象作出简明扼要解释，并写出主要化学反应方程式或离子式，作出小结或最后结论，若有数据计算，务必将所依据的公式

和主要数据表达清楚;

（7）实验讨论：报告中可以针对本实验中遇到的疑难问题，对实验过程中发现的异常现象，或数据处理时出现的异常结果展开讨论，敢于提出自己的见解，分析实验误差的原因，也可对实验方法、教学方法、实验内容等提出自己的意见或建议。

实验报告的格式不作统一规定，大致参照教材示例的格式根据不同类型实验的特点，自行设计出最佳格式。

常用实验报告的基本格式：

📝 **性质实验报告** --------------------------------

一、实验目的

二、实验内容（通常以表格形式填写）

实验内容	实验现象	解释及反应方程式
1. 0.1mol/L AgNO$_3$（2mL）滴加同浓度的 NaCl 2.……	产生白色沉淀 ……	$Ag^+ + Cl^- \longrightarrow AgCl \downarrow$ ……

三、讨论

📝 **定量分析实验报告** -------------------------------

一、实验目的

二、实验原理

三、主要实验仪器与试剂

四、实验步骤

五、数据记录与处理结果（用表格表示）

六、讨论

1.4　实验室规则

（1）实验前应做好预习，明确实验目的、要求、操作步骤、方法和基本原理，有计划地进行实验。

（2）实验前清点仪器，仪器破损或缺少，应该立即报告教师，履行报损手续，填写好报损单，由教师签出意见后向实验准备室换取新仪器。

（3）遵守纪律，不迟到，不早退，保持肃静，集中精神，操作规范，细致观察，周密思考，科学分析，将实验现象和数据如实记载在记录本上。

（4）实验时应遵守操作规则，严守实验安全守则，保证实验安全。

（5）爱护国家财产，小心谨慎使用仪器和设备，节约药品、水、电等。

（6）保持室内的整洁卫生，废纸、火柴梗、废液、金属等应放入废物缸或其他规定的回收容器内，严禁投入水槽、扔在地板或实验台面上。

（7）实验完毕后，将玻璃仪器洗净并放回原处，将药品架上的药品和实验台面整理干净。清洁水槽和地面，关闭水龙头，切断电源，关好门窗。室内的一切物品（仪器、药品和产物等）不得带离实验室，得到指导老师允许后，才能离开实验室。

1.5　实验室的安全

进行化学实验时，会经常使用水、电和各种药品、仪器。化学药品中，很多易燃、易爆、有毒和有腐蚀性，容易对人体产生伤害。实验时，首先必须在思想上十分重视安全问题，绝不能麻痹大意，在实验过程中应集中精力，严格遵守操作规则，才可避免事故发生，确保实验正常进行。

（1）使用易燃、易爆的物质要严格遵守操作规则，取用时必须远离火源，用后把瓶塞塞严，于阴凉处保存。

（2）涉及能产生有毒或有刺激性气体的实验，应在通风橱内（或通风安全处）进行。需要借助于嗅觉判别少量的气体时，绝不能直接用鼻子对着瓶口或管口，而应该用手将气体轻轻扇向自己，然后再嗅。

（3）加热、浓缩液体时，不能俯视加热的液体，加热的试管口不能对着自己或别人。浓缩液体时，要不停地搅拌，避免液体或晶体溅出而受到伤害。

（4）使用酒精灯时，盛酒精不能超过其容量的 2/3。酒精灯要随用随点燃，不用时马上盖上灯罩。不可用点燃的酒精灯去点燃别的酒精灯，以免酒精流出而失火。

（5）有毒药品（如重铬酸钾、钡盐、铅盐、砷的化合物、汞及汞的化合物、氰化物等）不得误入口内或接触伤口。氰化物不能碰到酸（氰化物与酸作用放出无色无味的 HCN 气体，剧毒！要特别小心！）。剩余的产（废）物及金属等不能倒入下水道，应倒入指定的回收容器内集中处理。

（6）浓酸、浓碱具有强腐蚀性，切勿溅在皮肤、眼睛或衣服上。稀释时应当不断搅拌（必要时加以冷却）将它们慢慢加入水中混合，特别是稀释浓硫酸时，应将浓硫酸慢慢加入水中，边加边搅拌，千万不可将水加入浓硫酸中。

（7）使用药品和仪器时，严格按操作规程进行实验，严格控制药品含量，绝对不允许随意混合各类化学药品。

（8）使用的玻璃管应将断口熔烧圆滑，玻璃碎片要放入回收容器内，绝不能丢在地面或实验台上。

（9）实验室内严禁饮食、吸烟。

（10）实验完毕，应洗净双手后才离开实验室。

1.6　实验中意外事故处理

实验过程中，如发生意外事故，要保持冷静，可采取如下救护措施。

（1）割伤。遇玻璃或金属割伤，伤口内若有碎片，须先设法挑出，伤口不大，出血不多，可擦碘酒，必要时在伤口撒上消炎粉后包扎。

（2）烫伤。遇烫伤，切勿用水清洗，可在烫伤处抹上苦味酸溶液或烫伤膏，烫伤达二度灼伤（皮肤起泡）或三度灼伤（皮肤呈蜡白色或焦炭状，坚硬且不会疼痛）时，应送医院治疗。

（3）酸碱灼伤。遇强酸或强碱溶液溅在皮肤上，应立即用大量的水冲洗，然后分别用稀碱（5%碳酸氢钠或10%氨水）或稀酸（2%硼酸或2%醋酸）冲洗。酸或碱溅入眼内，立即用大量的蒸馏水冲洗，然后用2%硼酸溶液淋洗，最后再用干净的蒸馏水冲洗。严重者应送到医院治疗。

（4）如果酸（或碱）液溅入眼内，立即用洗眼器长时间水冲洗，再用 3%～5% 的 $NaHCO_3$ 溶液（或 2% 的 H_3BO_3 溶液）冲洗。

（5）吸入刺激性或有毒气体而感到不适或头晕时，应立即到室外呼吸新鲜空气。严重者应立即送医院急救。

（6）遇触电时，应立即切断电源，用干燥木棒或竹竿使触电者与电源脱离接触，在必要时，进行人工呼吸、急救。

（7）遇毒物入口时，可将 5～10mL 稀硫酸铜溶液加入一杯温水中，内服后，用手伸入咽喉部，促使呕吐。

（8）受溴腐蚀致伤。用苯或甘油洗涤伤口，再用水洗。

（9）受磷灼伤。用 1% 硝酸银、5% 浓硫酸铜或浓高锰酸钾洗涤伤口，然后包扎。

（10）起火后，立即设法灭火，采取措施防止火势蔓延（如切断电源、移走易燃和易爆物品等）。灭火方法要根据起火原因选用适合的方法，如遇有机溶剂（如酒精、苯、汽油、乙醚等）起火应立即用湿布、石棉或砂子覆盖燃烧物灭火，切勿泼水，泼水反而会使火势蔓延；若遇电器设备着火，必须先切断电源，只能使用四氯化碳灭火器灭火，不能使用泡沫灭火器，以免触电；实验人员衣服着火时，切勿惊慌逃跑，立即脱下衣服灭火，或用石棉布覆盖着火处，如果着火面积大来不及脱衣服时，就地卧倒打滚，也可起到灭火作用。无论何种原因起火，必要时应及时通知消防部门来灭火。我国的火警电话号码为 119。

常用灭火器的性能及特点列于表 1-1。

表 1-1 常用灭火器的性能及特点

灭火器类型	药液成分	适用范围
二氧化碳灭火器	液态 CO_2	适用于扑灭电设备、小范围的油类及忌水的化学药品失火
泡沫灭火器	$NaHCO_3$ 和 $Al_2(SO_4)_3$	适用于油类着火，但污染严重，后处理麻烦
四氯化碳灭火器	液态 CCl_4	适用于扑灭电设备、小范围的汽油、丙酮等着火。不能用于扑灭活泼金属如钾、钠的起火
干粉灭火器	主要成分是碳酸氢钠等盐类物质及适量的润滑剂和防潮剂	适用于扑灭油类、可燃性气体、电器设备、精密仪器及图书文件等物品的初起火灾
酸碱灭火器	H_2SO_4 和 $NaHCO_3$	适用于扑灭非油类和电器的初起火灾
1211 灭火器	CF_2ClBr 液化气体	特别适用于油类、有机溶剂、精密仪器及高压电器设备失火

不管用哪一种灭火器，都是从火的周围向中心扑灭。

化学实验基础知识

2.1 化学试剂常识

　　化学试剂是实验中不可缺少的物质，因此，了解试剂的性质、分类、等级以及使用、保管常识是非常必要的。

　　化学试剂的种类很多，世界各国对化学试剂的分类和分级的标准不尽相同，各国都有自己的国家标准及其他标准（部颁标准、行业标准和学会标准等）。我国化学试剂产品的标准有国家标准（GB）、化工行业标准（HG）及企业标准三级。

2.1.1 化学试剂的分类

　　化学试剂产品已有数千种，到目前为止尚没有统一的分类标准。常见的是将化学试剂分为标准试剂、一般试剂、高纯试剂和专用试剂四大类。下面对这四类试剂作简单介绍。

　　（1）标准试剂　标准试剂是用于衡量其他（欲测）物质化学量的标准物质。其特点是主体含量高而且准确度可靠，其产品一般由大型试剂厂生产，并严格按国家标准检验。

　　（2）一般试剂　一般试剂是实验室最普遍使用的试剂，一般分四个等级及生化试剂等，其分级、标志、标签及适用范围列于表2-1。

表 2-1　一般试剂的分类与适用范围

级别	中文名称	英文符号	标签颜色	适用范围
一级	优级纯（保证试剂）	G. R.	绿色	精密分析实验
二级	分析纯（分析试剂）	A. R.	红色	一般分析实验
三级	化学纯	C. P.	蓝色	一般化学实验
四级	实验试剂	L. R.	棕黄色	一般化学实验辅助试剂
生化试剂	生化试剂 生物染色剂	B. R.	咖啡色或其他色	生物化学及医用化学实验

　　（3）高纯试剂　高纯试剂的特点是杂质含量比优级纯基准试剂低，纯度远高于优级纯试剂，而且规定检测的杂质项目比同种优级纯或基准试剂多 1～2 倍。高纯试剂主要用于微量分析中试样的分解与试液的制备。

　　（4）专用试剂　专用试剂是指有特殊用途的试剂。如仪器分析中色谱分析标准试剂、气相色谱单体及固定液、液相色谱填料、薄层色谱试剂以及核磁共振分析用试剂等。与高纯试剂相似之处是专用试剂不仅纯度较高，而且杂质含量很低。它与高纯试剂的区别是，在特定的用途中有干扰的杂质成分只需控制在不致产生明显干扰的限度以下。

2.1.2 化学试剂的选用

在实验当中，要根据所做实验的具体情况，合理地选用相应级别的试剂。在能满足实验要求的前提下，选用试剂的级别应就低而不就高，试剂的选用应考虑以下几点。

（1）滴定中常用的标准溶液，一般应选择分析纯试剂配制，再用基准试剂进行标定。滴定分析中所用的其他试剂一般为分析纯。

（2）仪器分析实验中一般使用优级纯与专用试剂，测定微量或超微量成分时应该选用高纯试剂。

（3）从很多试剂的主体含量看，优级与分析纯相同或很接近，只是杂质含量不同。如果所做实验对试剂杂质要求高，应选择优级纯试剂。如果只对主体含量要求高，则应选用分析纯试剂。

2.1.3 化学试剂的贮存与保管

化学试剂的贮存也是实验室人员的一项重要工作。在一般的实验室中不宜保存过多易燃、易爆和有毒的化学试剂，应根据用量随时申购领取。为防止化学试剂失效变质，甚至引发事故，一般的化学试剂应贮存在通风良好、干净、干燥的房间，并注意防止水分、灰尘和其他物质的污染。同时要根据试剂的性质采取相应的贮存方法。

（1）一般试剂的贮存和保管

① 化学试剂应贮存在专设的药品贮藏室中，由专门人员管理。要制订和实施保证安全管理的严格的规章制度。

② 化学试剂的贮藏室最好是方向朝北，室内要保持干燥，通风良好，杜绝任何明火，并备有充分有效的灭火设施。

③ 化学试剂必须分类安放在试剂橱柜里。分类的原则是一般试剂与危险试剂分开贮存，无机试剂与有机试剂分开贮存，氧化剂和还原剂分开贮存。无机试剂一般按单质、酸、碱和盐分类存放，固体无机试剂应按元素周期表的分类，或根据元素符号、分子式中第一个拉丁字母为顺序存放，这样有利于保管和取用。铵盐比较容易受热分解，应该把它们单独地贮存在阴凉的地方。

④ 有机试剂除易燃物外，一般按官能团分类存放。有机试剂的热稳定性较差，贮放有机试剂的药橱不应受到日光的暴晒。

⑤ 无论是固体或液体化学试剂，从原包装启用后，一般都应分装在玻璃瓶中备用，这样就可以尽可能地防止试剂的潮解、风化或挥发。

⑥ 对于易吸湿而潮解，易失水而风化，易吸收空气中二氧化碳而变质的化学试剂，都要用石蜡密封试剂瓶口。

⑦ 一部分见光易分解的化学试剂要盛装在棕色玻璃瓶中，并把它们贮存在避光的暗处。

⑧ 由化学试剂配制的溶液都应贮放在试剂瓶里，除盛放氢氧化钠、氢氧化钾、纯碱溶液和石灰水的试剂瓶应当使用橡胶塞外，其他试剂瓶一般使用磨口玻璃塞。凡是使用时需逐滴加入的溶液，可贮放在带胶头滴管的滴瓶里。

⑨ 除原瓶盛装的化学试剂外，任何分装后的试剂或配制成的溶液，都要在试剂瓶口下约1/3的地方，贴上大小与试剂瓶相适应的标签，写明试剂的名称和分子式，如果盛装的是溶液，在标签上还要标示出浓度，注明配制的日期。在已粘牢的标签上要均匀地涂上

一薄层石蜡，以保证瓶签不致因受湿而损坏。

⑩ 当试剂瓶上的标签脱落，或字迹模糊难以辨认，以致无法肯定瓶内究竟贮装的是哪种试剂时，要待取得确证后，再贴上新制的标签。

⑪ 每一个试剂瓶原则上只应该始终用以贮存某一种试剂，如确有需要改装别种试剂时，必须把试剂瓶反复多次清洗和干燥后再盛装，并贴上新的标签。

⑫ 某些由于化学性质不稳定，不能长期贮存备用的试剂，如氯水、氢硫酸、亚硫酸等，必须根据需要随时制备。

⑬ 管理人员对于药品贮藏室里的其他试剂，要定期检查它们是否变质和损耗。

（2）易燃、易爆和剧毒物质的贮存和保管

① 易燃和易爆的试剂，如苯、乙醚和丙酮等应贮存于阴凉通风、不受阳光直射的地方。

② 爆炸类试剂，如高氯酸、高氯酸盐和过氧化氢等，应放在低温处，不得与易燃物放在一起，移动或启用时不得剧烈震动。

③ 剧毒试剂，如氰化物、砒霜、升汞和氯化钡等，应放在保险柜中，设双门专人保管，取用时须两人在场，并做好记录，以免发生事故。

④ 特殊试剂应采取特殊贮存方法。如需要低温贮存的试剂，必须存放在冰箱中；经干燥或灼烧至恒重的工作基准试剂应贮存于干燥器中；金属钠应浸在煤油中；白磷要浸在水中等。

2.2 溶液的配制

在化学上，用化学物品和溶剂（一般是水）配制成实验需要浓度的溶液的过程就叫做配制溶液。化学实验通常配制的溶液有一般溶液、标准溶液、基准溶液和饱和溶液。

2.2.1 一般溶液的配制

（1）直接水溶法 对易溶于水而不发生水解的固态试剂，例如 $NaCl$、$NaOH$、KNO_3 等，配制其溶液时，可用电子天平（精度为 0.1g）称取一定量的固体于烧杯中，以少量蒸馏水搅拌溶解后，稀释至所需体积，转移至试剂瓶中。

（2）稀释法 对于液态试剂，例如 HCl、H_2SO_4、HNO_3、HAc 等，要配制其稀溶液时，先用量筒取所需要的浓溶液，然后用所需要的蒸馏水稀释。配制稀硫酸时，应在不断搅拌下将浓硫酸缓慢倒入水中，切不可将操作顺序倒过来。

对于一些见光易分解、易发生氧化还原反应的溶液，还应采取适当的措施，防止在保存期间失效，如 Sn^{2+}、Fe^{2+} 溶液应分别放入一些锡粉及铁屑，$AgNO_3$、$KMnO_4$、KI 等溶液应贮存于干净的棕色瓶中，容易发生化学腐蚀的溶液应贮存于合适的容器中。

（3）介质水溶法 对于水解产生沉淀或生成气体的固体试剂，如 Na_2S、$FeCl_3$、$SbCl_3$ 等，配制其溶液时，称取一定量的固体，加入适量的一定浓度的酸或碱使之溶解后，再用蒸馏水稀释，摇匀。

此外，对于一些在水中溶解度较小的固体试剂，如固体 I_2，可先以适当的溶剂（KI 水溶液）溶解之，然后按同样方法配制其溶液。

2.2.2　基准溶液的配制

用基准试剂直接配制成的已知准确浓度的溶液称为基准溶液。基准试剂（基准物质）应具备下列条件。

（1）试剂的组成与其化学式完全相符。

（2）试剂的纯度应足够高（一般要求纯度在99.9％以上）而杂质含量应少到不至于影响分析的准确度。

（3）试剂在通常条件下应稳定。

（4）试剂参加反应时，应按反应式定量进行，没有副反应。

（5）试剂最好有比较大的摩尔质量，以减小称量误差。

基准溶液的配制方法：用分析天平称取一定量的基准物质于烧杯中，加入适量的蒸馏水溶解后，转入容量瓶中，用蒸馏水洗涤烧杯3～4次（每次用少量水），一并转入容量瓶中，再用蒸馏水稀释至刻度，摇匀，即为基准溶液，其准确度可由称量数据及稀释体积精确求得。

2.2.3　标准溶液的配制

已知准确浓度的溶液都可称作标准溶液。标准溶液的配制方法有两种：一是直接法，即利用基准试剂用上述方法配制的溶液；二是标定法，实际上只有少数试剂符合基准试剂的要求，很多试剂不宜用直接法配制标准溶液，而需要用间接的方法，即标定法。标定法是先配成接近所需浓度的溶液，然后用基准试剂或另一种已知准确浓度的标准溶液来标定它的准确浓度。

当需要通过稀释法配制标准溶液的稀溶液时，应用移液管准确吸取其浓溶液，在适当的容量瓶中稀释配制。

应该注意的是，贮存的标准溶液由于水分蒸发，水珠凝于瓶壁，使用前应将溶液摇匀。如果溶液浓度有了改变，必须重新对其标定。不稳定的溶液应定期标定。

2.2.4　饱和溶液的配制

如配制硫化氢、氯等气体的饱和溶液，只要在常温下把产生出来的硫化氢、氯等气体通入蒸馏水中一段时间即可。如配制固体试剂的饱和溶液，先按该试剂的溶解度数据计算出所需的试剂量和蒸馏水量，称量出比计算量稍多的固体试剂，磨碎后放入水中，长时间搅动直至固体不再溶解为止。这样制得的溶液可认为是饱和溶液。对于其溶解度随温度升高而增大的固体，可加热至高于室温（同时搅动），再让其溶液冷却下来，多余的固体析出后所得的溶液即是饱和溶液。

在配制溶液过程中，加热和搅动都可加速固体的溶解，但搅动不宜太猛烈，更不能使搅拌棒触及容器底部及器壁。

2.3　实验数据处理与结果表示

2.3.1　实验数据记录

在化学实验中，学生应备有专门的实验记录本（一般为实验预习本），供直接记录实验数据和现象之用，不允许将实验数据记录在其他纸上。记录实验数据时，应注意其有效数字的位数，不能随意增加或减少。

实验记录上的每一个数据，都是测量结果，所以，重复观测时，即使数据完全相同，也应记录下来。

实验过程中涉及的各种特殊仪器的名称型号、标准物的厂家和标准溶液的浓度等，也应及时、准确地记录下来。

在实验过程中，如发现数据记错而需要更改时，可将数据用一横线划去，并在其上方写上正确的数字，切不可涂改。

总之，实验记录应做到简明扼要、字迹整洁、实事求是。实验结束后，立即送指导老师审阅，如果实验结果不符合要求，应认真分析，找出原因，必要时重做实验。

2.3.2　数据表示方式

在无机及分析化学实验中常用的数据表示方式有列表法。列表法是以表格形式表示数据。其优点是列入的数据是原始数据，可以清晰地看出数据的过程，以便日后对计算结果进行检查和复核；可以同时列出多个参数的设置，便于同时考察多个变量之间的关系。用列表法表示数据时，需要注意以下问题。

(1) 选择适合的表格形式，在现在的科技文献中，通常采用三线制表格，而不采用网格式表。

(2) 简明准确地标注表名，表名标注于表的上方。当表名不足以充分说明表中数据含义时，可以在表的下方加标注。

(3) 表的第一行为表头，表头要清楚标明表内数据的名称和单位，名称尽量用符号表示。同一列数据单位相同时，将单位标注于该列数据的表头，各数据后不再加写单位。单位的写法采用斜线制。

(4) 在列数据时，特别是数据很多时，每隔一定量的数据留一空行。上下数据的相应位数要对齐，各数据要按照一定的顺序排列。

(5) 表中的某个或某些数据需要特殊说明时，可在数据上作一标记，再在表的下方加注说明。

2.3.3　实验结果的表示

在系统误差忽略的情况下，进行常规分析，一般对每种试样平行测定 2～3 次，先计算测量结果的平均值，再计算出相对平均偏差。如果相对平均偏差≤0.2%，可认为符合要求，取其平均值作为最后的测量结果。否则，此次实验不符合要求，需要重做。非常规分析（如制定分析标准、涉及重大问题的试样分析等）和科学研究就不能这样简单处理了，需要多次对试样进行平行测定，将取得的多次结果用统计的方法估计总体平均值 μ（真实值）在一定置信度 P 下的置信区间，借以说明样本平均值的可靠程度。

例如，分析基本试样中铁的质量分数，五次测定结果是 0.3910、0.3912、0.3917、0.3919、0.3922，报告其分析结果如下：

测量次数　　　　$n=5$
平均值　　　　　$\overline{x}=0.3916$
标准偏差　　　　$s=0.0005$
在置信度 $P=95\%$ 时，其置信区间为：

$$\mu=\overline{x}\pm\frac{ts}{\sqrt{n}}=0.3916\pm0.0005$$

2.3.4 数据的精密度及其表示方法

精密度是指在相同条件下多次测定结果相互吻合的程度，它表现了测定结果的再现性。可用"偏差"表示。实验中常用极差和标准偏差。

极差是一组数据最大值和最小值之差，用极差来表示测量结果的精密度比较简单、直观，但是比较粗略。

标准偏差比较符合数理统计规律。对于有限次测量标准偏差 s 及相对标准偏差 RSD，其计算公式如下。

$$s = \sqrt{\frac{\sum_{i=1}^{n}(x_i - \overline{x})^2}{n-1}}$$

$$RSD = \frac{s}{\overline{x}}$$

2.3.5 有效数字和数字修约规则

（1）有效数字及其确定方法 实验中记录分析测试数据时，记录的数据与表示结果的数值所具有的精确度应与所使用的测量仪器和工具的精确度一致。一般可估计到测量仪器和工具最小刻度的十分位，所记录的数除最后一位数字具有不确定性外，其余各位数字应是准确的。对于所记录的没有小数位且以若干个零结尾的数值，从非零数字最左一位向右数得到的位数减去无效零（仅为定位用的零）的个数，对于其他的十进位数，从非零数字最左一位向右数得到的位数，就是有效数字。

（2）数字修约规则 根据测定仪器和方法的误差与对测定数据精确度的要求，根据修约规则，需对实际测定数据的位数进行取舍，采用"四舍六入五成双"的修约准则。所拟舍弃数字为两位以上数字时，不得连续进行多次修约，应根据所拟舍弃数字中左边第一个数字的大小按修约规则一次修约得出结果。此修约准则的优点是保持了进舍项数平衡性与进舍误差的平衡性。在报告测定结果的误差时，对误差值数字的修约，只进不舍。

2.4 化学实验中常用玻璃仪器、设备

（1）试管、离心管、试管架 试管根据其玻璃化学组成和对热的稳定性及大小的不同，分为硬质试管和软质试管等。试管有平口试管［图 2-1(a)］、卷口试管［图 2-1(b)］、具塞试管［图 2-1(c)］、有刻度或无刻度试管等多种。

试管和离心管的规格常以管口外径（mm）×管长（mm），或管口内径（mm）×管长（mm）表示，刻度试管和离心管还以容量（mL）表示。试管用作少量试剂的反应容器，便于操作和观察。试管可以加热至高温，但不能骤热骤冷，特别是软质试管更容易破裂。加热时要不断移动试管，使其受热均匀。小试管一般用水浴加热。

离心管有尖底或圆底离心管、有刻度或无刻度离心管等种类（图 2-2）。离心管用于少量试剂的反应容器或少量沉淀的辨认和分离。离心管不能直接加热，只能用水浴加热。

试管架有木料、塑料、金属或有机玻璃试管架多种（图 2-3），用于承放试管或离心

管等。

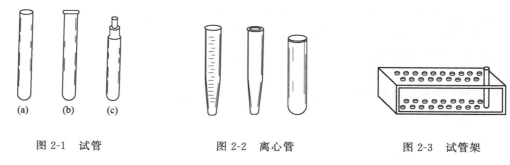

图 2-1　试管　　　　　　　　图 2-2　离心管　　　　　　　图 2-3　试管架

（2）试管夹　试管夹由木料和钢丝制成（图 2-4）。试管夹用于加热试管时夹持试管用，使用时要防止烧损或锈蚀。

（3）毛刷　毛刷的规格以大小和用途表示。如试管刷、烧杯刷、滴定管刷等。各种毛刷有长、短、大、小之分（图 2-5）。

（4）烧杯　烧杯的规格以容量（mL）、全高（mm）、外径（mm）表示（图 2-6）。烧杯用作反应物量多时的反应容器。加热时应在热源（如酒精灯）与杯底之间加隔石棉网或使用其他热浴（如砂浴、水浴、油浴等），使其受热均匀，加热时勿使温度变化过于剧烈。

图 2-4　试管夹　　　　　　　图 2-5　毛刷　　　　　　　　图 2-6　烧杯

（5）试剂瓶　试剂瓶的规格以容量（mL）、瓶高（mm）、瓶外径（mm）、瓶口外径（mm）表示。一般有无色试剂瓶和棕色试剂瓶；有广口（或大口）试剂瓶（图 2-7）和细口（或小口）试剂瓶（图 2-8）等种类。棕色试剂瓶多用于盛装见光易分解的试剂或溶液，如碘、硝酸银、高锰酸钾、碘化钾等试剂。广口试剂瓶多用于盛装固体试剂。细口试剂瓶盛装对玻璃侵蚀性小的液体试剂。试剂瓶盛装碱性物质时，应取下瓶塞改用橡胶塞或软木塞（注意保存原瓶塞），或用塑料试剂瓶盛装。使用时要注意保持原瓶塞与瓶相符，瓶塞不能互换，以利密封。取用试剂时应将瓶塞倒放在桌上以免弄脏瓶塞。试剂瓶不能用火直接加热烘干，只能用恒温干燥箱或电吹风进行干燥，或用盛装溶液涮洗后使用。试剂瓶只能用于贮存试剂，不能用作加热器皿，也不能注入使其骤冷骤热的试剂。试剂瓶不用时，应清洗干净，并在瓶口与瓶塞之间隔一纸条，以防因搁置久后互相黏结。

（6）滴管　滴管由尖嘴玻璃管与橡胶乳头构成（见图 2-9）。滴管用于吸取或滴加少量（数滴或 1～2mL）试剂溶液，或吸取沉淀的上层清液以分离沉淀。用滴管加试剂时，应保持滴管垂直，避免倾斜，尤忌倒立。滴管除用于吸取蒸馏水和溶液外，不可接触其他器物，以免杂质沾污。

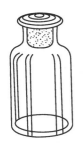
图 2-7 广口试剂瓶

图 2-8 细口试剂瓶

图 2-9 滴管

图 2-10 滴瓶

(7) 滴瓶 滴瓶的规格以其容量（mL）、瓶高（mm）、瓶外径（mm）表示。滴瓶有无色、棕色之分（图 2-10）。滴瓶用于盛装液体试剂。棕色试剂瓶盛装见光易分解的试剂。用滴瓶盛装碱性试剂时要改用橡胶塞或软木塞，或改用塑料滴瓶。使用时，不能用火直接加热，可用恒温干燥箱或电吹风进行干燥；滴管不能互换，以利密封，避免溶液蒸发，更重要的是防止试剂相互混合使试剂变质。滴加试剂时，滴管应保持垂直，避免倾斜，尤忌倒立。除吸取和滴加滴瓶内试剂外，不可接触其他器物，以免杂质沾污。不使用时应清洗干净，并在滴管与瓶口之间隔一纸条，以防因搁置久后互相黏结。

(8) 量筒 量筒用于量取一定体积的试剂用，在量取体积要求不太准确的溶液时，使用量筒比较方便（图 2-11）。量筒规格以其容量（mL）、筒高（mm）、筒身内径（mm）及最小分度（mL）表示。量筒有 5～2000mL 等各种规格。使用时，必须选用合适规格的量筒，不要用大量筒量取小体积，也不可用小量筒多次量取大体积溶液，以免增加误差。量取体积时以液面的弯月面的最低点为准。量筒不能加热，不能注入使其骤冷骤热的液体，也不能作反应器。

图 2-11 量筒

图 2-12 高型称量瓶

图 2-13 扁型称量瓶

(9) 称量瓶 称量瓶规格以瓶外径（mm）、瓶身高（mm）表示。称量瓶有高型称量瓶（图 2-12）和扁型称量瓶（图 2-13）两种。称量瓶用于精确称取一定量的固体样品或固体试剂。不能用火直接烤干，应该用恒温干燥箱进行干燥，瓶口和瓶盖是磨口配套的，不能互换。干燥的称量瓶不能用手直接拿取，应该用干净厚纸条带圈套在称量瓶身上，左手拿住纸条，把称量瓶拿起。称量瓶盖也要用纸套住拿取。洗净并经烘干的称量瓶要冷却至接近室温时放入干燥器内，继续冷却至室温，称量时才从干燥器内取出，直接置于天平秤盘上。

(10) 干燥器 干燥器的规格以其器口内径（mm）、器高（mm）、器内磁板直径

（mm）的大小表示。有普通干燥器（图2-14）和真空干燥器（图2-15），两种各有无色和棕色之分。干燥器内放干燥剂，可保持样品、试剂和产物的干燥。棕色干燥器用于存放需避光存放的样品、试剂和产物。需要在减压条件下干燥的样品，应使用真空干燥器。使用时，要防止盖子滑落而打碎，灼热过的样品和物体要待其冷却至接近室温后方可放入干燥器内，未完全冷却前要每隔一定时间开一次盖子，以调节器内的气压，使器内的气压与外压相同。干燥器内的干燥剂失效时要及时更换。

图2-14 普通干燥器

图2-15 真空干燥器

（11）药勺 药勺由牛角、瓷、玻璃、塑料或不锈钢制成，现多数是塑料制品（图2-16）。药勺用于舀取固体药品。有的药勺两端各有一个勺，一大一小，可以根据取用药量多少选用。塑料或牛角的药勺不能用于舀取灼热的药品。药勺取用一种药品后，必须洗净，并用滤纸擦干后，才能取用另外一种药品。

（12）表面皿 表面皿的规格以直径（mm）大小表示（图2-17）。盖在烧杯上，防止液体迸溅或其他用途。表面皿不能用火直接加热。

图2-16 药勺

图2-17 表面皿

（13）普通漏斗 普通漏斗简称漏斗，可分为短颈漏斗或长颈漏斗两种（图2-18）。漏斗的锥角呈60°，是用于常压过滤，分离固体与液体的一种器皿。短颈漏斗也用于加注液体。长颈漏斗的颈部较长，过滤时容易形成液柱，可以使滤速加快，因此常常用于重量分析实验。漏斗口直径规格通常为60～80mm。漏斗不能用火焰直接加热。

（14）点滴板 点滴板又称比色板，是化学分析中简便快速的定性分析器皿（图2-19）。规格有6孔与12孔，颜色有黑色与白色两种。试剂反应在点滴板凹槽中进行。有色沉淀反应用白色点滴板，白色沉淀用黑色点滴板。

（15）坩埚 坩埚以容积（mL）大小表示，有瓷、石英、铁、镍或铂等不同的坩埚（图2-20）。坩埚作为灼烧固体用的器皿，随固体性质不同可选用不同质地的坩埚。坩埚可直接用火加热至高温。灼烧的坩埚不可直接放在桌上，应放在石棉网上冷却。

（16）蒸发皿 蒸发皿的规格以皿口直径（mm）和皿高（mm）表示，有圆底蒸发皿（具嘴）和平底蒸发皿（具嘴）两种（图2-21）。有瓷、石英、铂等不同质地的蒸发皿，供蒸发不同的液体时选用。蒸发皿能耐高温，但不宜骤冷，蒸发溶液时，一般放在石棉网上加热。瓷蒸发皿有带柄与无柄两种类型。

图 2-18 漏斗

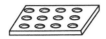
图 2-19 点滴板

图 2-20 坩埚

图 2-21 蒸发皿

(17) 抽滤瓶、布氏漏斗　抽滤瓶又称作过滤瓶，它的规格用容量（mL）、瓶高（mm）、瓶底外径（mm）和瓶颈外径（mm）大小表示（图 2-22）。

布氏漏斗为瓷质，中间有一块很多小孔的瓷板。布氏漏斗的规格以其容量（mL）和口径（mm）表示（图 2-23）。它和抽滤瓶及抽气泵配套使用于化合物制备中晶体或沉淀的减压过滤。

(18) 石棉网　石棉网是由铁丝编成铁丝网，中间涂有石棉，有大小之分（图 2-24）。石棉是热的不良导体，能使受热物体均匀受热，可避免造成局部高温，引起受热液体迸溅。石棉网不能与水接触以免石棉脱落和铁丝锈蚀。

(19) 研钵　研钵的规格以内径（mm）和钵高（mm）表示（图 2-25）。有瓷、玻璃、玛瑙或铁等不同质地的研钵，用于研磨各种固体物质。研钵只能研而不能敲，也不能用火直接加热。

图 2-22 抽滤瓶

图 2-23 布氏漏斗

图 2-24 石棉网

图 2-25 研钵

(20) 铁架台、铁环　铁架台和铁环用于固定或放置反应容器，铁环还可以代替漏斗架放置漏斗用（图 2-26）。铁架上的铁环换上滴定管夹就可夹持滴定管。

(21) 铁三脚架　铁三脚架有大小、高低之分，比较牢固（图 2-27）。在铁三脚架上放上石棉（铁丝）网，在网上就可以放置反应容器，如烧杯、蒸发皿等。

(22) 坩埚钳　坩埚钳是铁制品，用于夹持坩埚（图 2-28）。要夹持高温坩埚时，须把坩埚钳放在火焰旁边预热一下，以免坩埚因骤冷而破碎。坩埚钳用完后应钳嘴向上平放在实验台上。

(23) 洗瓶　洗瓶常用塑料制成挤压式洗瓶，其规格以容量（mL）表示（图 2-29）。有 250mL、500mL、1000mL 洗瓶。洗瓶盛装蒸馏水，用于洗涤沉淀和容器。洗瓶不能用火直接加热。

(24) 温度计　温度计是用于测量物质温度的仪器，其规格按计温范围、分度、管的全长（mm）和管径的大小（mm）来区别（图 2-30）。化学实验中常用的温度计是细玻套水银温度计。温度计水银球部位的玻璃很薄，容易打破，使用时要特别保护。如果水银温度计破碎，应采取正确措施处理消除安全隐患。水银易挥发产生汞蒸气，所以应在现场注意通风，可在水银上撒上硫黄粉，硫黄与水银可反应生成硫化汞，硫化汞稳定而不易挥发，待反应后清理干净。不能将温度计当搅拌棒使用，不能测定超过温度计范围的温度。温度计用后要让它自然冷却，特别在测量高温之后，切不可骤冷，否则容易破裂。在测量高温后，应将温度计悬挂起来，让其慢慢冷却。温度计用后要洗净抹干，放入温度计盒内保存，盒底要垫上一小块棉花。如果是纸筒，放回温度计时要预先检查筒底是否完好。

图 2-26　铁架台

图 2-27　铁三脚架

图 2-28　坩埚钳

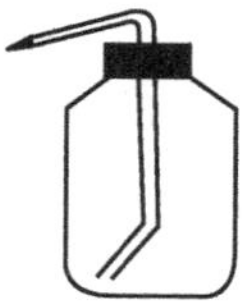

图 2-29　洗瓶

图 2-30　温度计

第3章 化学实验基本操作

3.1 托盘天平的使用方法

托盘天平又叫台天平，也称台秤，用于粗略的称量，能称至0.1g（图3-1）。也有可称至0.01g的托盘天平，其使用方法与0.1g的相同。托盘天平的横梁架在台天平座上，横梁左右各有一个盘子。在横梁中部的上面有指针，根据指针A在刻度盘B摆动的情况，可以看出托盘天平的平衡状态。使用托盘天平称量时，可按下列步骤进行。

（1）零点调整　使用托盘天平前需把游码C放在刻度尺D的零处。托盘中未放物体时，如指针不在刻度零点附近，可用零点调节螺钉E调节。

（2）称重　称量物不能直接加在天平盘上称重，以避免天平盘受腐蚀。一般物品放在已称过质量的纸或表面皿

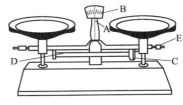

图3-1　托盘天平

上，潮湿的或具腐蚀性的药品则应放在玻璃容器内。托盘天平不能用于称取过热的物质。称量时，称量物体放在左盘，砝码放在右盘，按从大到小的次序添加砝码。在添加刻度标尺D以内的重量时可移动游码，直至指针指示的位置与零点相符（偏差不超过1格）或指针左右摆动的格数相等（偏差不超过1格）。砝码质量加上刻度标尺的读数即为称量物的质量。

（3）整理　称量完毕，应把砝码放回盒内，把游码移到刻度"0"处，将托盘天平打扫干净。

3.2 电子天平的使用方法

3.2.1 电子天平的操作步骤

电子天平是物质计量中唯一可自动测量、显示，甚至可自动记录、打印结果的天平（图3-2）。电子天平的最大称量和精度与分析天平相同，最高读数精度可达±0.01mg，实用性很广。但应注意其称量原理是电磁力与物质的重力相平衡，即直接检出值是物质的重量而非质量，故天平使用时，要随使用地的纬度，海拔高度随时校正其重力加速度g值，方可获取准确的质量。常量或半微量电子天平一般内部配有标准砝码和质量的校正装置，经校正后的电子天平可获取准确的质量读数。使用电子天平称量时，可按下列步骤进行。

图 3-2　电子天平

（1）开机。轻按"ON"键，天平进行自检，最后显示"0.0000g"。

（2）置容器于秤盘上，显示出容器质量。

（3）轻按"TAR"清零、去皮键，随即出现全零状态，容器质量显示值已去除，即去皮重。

（4）放置被称物于容器中，这时显示值即为被称物的质量值。

（5）累计称重。用去皮重称量法，将被称物逐个置于秤盘上，并相应逐一去皮清零，最后移去所有被称物，则显示数的绝对值为被称物的总质量值。

（6）定量称量。按住"INT"键不松手，可调置"INT-0"模式，置容器于秤盘上，去皮重。将被称物（液体或松散物）逐步加入容器中，能快速得到连续读数值。当加入被称物达到所需质量，显示器最左边"0"熄灭，这时显示的数值即为用户所需的称量值。当加入混合物时，可用去皮重法，对每种物质计净重。

（7）读取偏差。置基准砝码（或样品）于秤盘上，去皮重，然后取下基准砝码，显示其质量负值。再置被称物于称盘上，视被称物比基准砝码重或轻，相应显示正或负偏差值。

（8）关机。轻按"ON"键约 3 s，天平会自动关机。

3.2.2　电子天平的称量方法

在化学实验中经常需要准确称取一定量的试剂或样品，根据称量精度不同，往往采用不同的天平进行称量。目前实验室用得较多的是精度分别为 0.1g、0.01g 和 0.0001g 的电子天平。下面仅介绍 0.0001g 电子天平的称量方法。

（1）固定质量称量法　此法用于称取某一固定质量的试剂。要求被称物在空气中稳定、不吸潮且不吸湿，试样为粉末、丝状或片状，如金属和矿石等。例如指定称取 0.5000g 某铁矿石试样，将天平"ON"键按下，过几秒钟显示称量模式后，将一洁净的表面皿轻放在秤盘中，显示质量数后，轻按"TAR"键，出现全零状态，表面皿值已去除，即去皮重，然后用药匙取样轻轻振动，使之慢慢落在表面皿中间，至显示数值为 0.5000g 即可。轻按"OFF"键关闭天平，取出试样。

（2）直接称量法　此法用于称量物体的质量，如容量器皿校正中称量锥形瓶的质量和干燥小烧杯的质量，重量分析法中称量瓷坩埚等的质量。例如，称取一小烧杯的质量时，轻按 ON 键，几秒钟后进入称量模式，将小烧杯轻放在秤盘中央，显示的数值即为烧杯的质量，记录数据，轻按"OFF"关闭键取出烧杯即可。

（3）递减（差减）称量法　此法用于称量一定质量范围的试样。其样品主要为易吸潮、易氧化以及易与 CO_2 反应的物质。由于此法称量试样的量为两次称量之差，故又称差减法。例如，称取某一样品，从干燥器中取出称量瓶（注意不要让手指直接接触称量瓶及瓶盖），用小纸片夹住瓶盖，打开瓶盖，用药匙加入适量样品（约共取 5 份样品称量），盖上瓶盖，用纸条套在称量瓶上，轻放在已进入称量模式的秤盘上。轻按"TAR"键去皮重，然后取出称量瓶，在接受器的正上方打开称量瓶，慢慢倾斜称量瓶身，用瓶盖轻轻敲打瓶口上部，使试样慢慢落入容器中。先敲少量的试样，再边敲边慢慢地将瓶抬起，直到粘在瓶口的试样落回瓶内，然后盖上瓶盖，放回秤盘中称量，最后根据已称试样堆的体积所具有的质量来估计剩余所需称量试样的体积，敲好后，按同样方法，边敲边慢慢竖起瓶身，盖上瓶盖，放入称量瓶中称量，天平显示的读数即为试样质量，记录数据，轻按"TAR"键。用同样的方法称取第二份、第三份试样。其操作如图 3-3 所示。

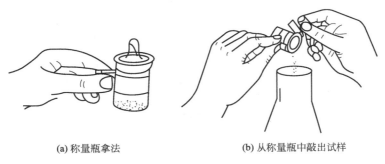

(a) 称量瓶拿法   (b) 从称量瓶中敲出试样

图 3-3   称量瓶使用示意图

3.3   分析天平的使用方法

分析天平是定量分析中的主要仪器之一，称量也是定量分析中的一个重要基本操作，因此必须了解分析天平的结构及其正确的使用方法。常用的分析天平有半自动电光天平、全自动电光天平、单盘电光天平等。

3.3.1   分析天平的构造

天平在构造和使用方法上虽然有些不同，但它们的设计大都依据杠杆原理（图 3-4）。杠杆 ABC 代表等臂的天平梁，B 为支点，P 与 Q 分别代表被称重物体（质量 m_1）和砝码（质量 m_2）施加于 ABC 的向下作用力。当杠杆达到平衡时，根据杠杆原理，支点两边的力矩应相等。即：

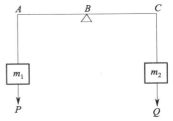

图 3-4   杠杆原理示意图

$$P \times AB = Q \times BC$$

对于等臂天平 $AB = BC$，所以 $P = Q$，即砝码的质量与被称物体的质量相等。设重力加速度为 g，则有：

$$m_1 g = m_2 g$$

所以 $m_1 = m_2$，即砝码的质量与被称量物质的质量相等。此时，被测物质的质量便可由砝码的质量表示。

在分析工作中通常说某物质的"重量"，严格地说，应该是指物质的质量。重量与质量是两个不同的概念，但由于习惯，现在一般仍沿用"重量"一词。

现以等臂双盘电光天平为例来介绍分析天平的一般结构，图 3-5 为 TG-328B 型电光天平的正面图。它的主要部件是铝合金制成的三角形横梁（天平梁）5，横梁上装有三把三棱形的小玛瑙刀，其中一把装在横梁中间，刀口向下，称为支点刀。支点刀放在一个玛瑙平板的刀承上，相当于杠杆的 B 点。另外两把玛瑙刀则分别等距离地安装在横梁的两端，刀口向上，称为承重刀，相当于杠杆的 A、C 两点。三把刀口棱边完全平行且处于同一平面上。由于刀口的锋利程度直接影响天平的灵敏度，故应注意保护，使之不受撞击或振动。

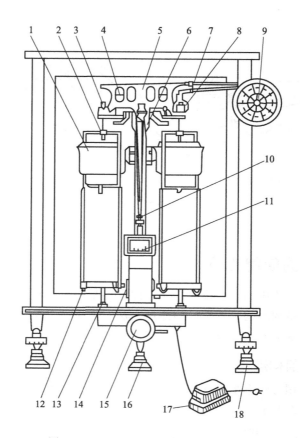

图 3-5 TG-328 B 型电光天平的正面图

1—空气阻尼器；2—挂钩；3—吊耳；4—零点调节螺钉；5—横梁；6—天平柱；
7—圈码钩；8—圈码；9—加圈码旋钮；10—指针；11—投影器；12—秤盘；
13—盘拖；14—光源；15—旋钮；16—底垫；17—变压器；18—调水平螺钉

横梁两端原承重刀上分别悬挂两个吊耳 3，吊耳的上钩挂有秤盘 12，下挂钩空气阻尼器 1。空气阻尼器是由两个铝制的圆筒形盒构成，其外盒固定在天平柱上，盒口朝上，直径稍小的内盒则悬挂在吊耳上，盒口朝下。内外盒必须不接触，以免互相摩擦。当天平梁摆动时，内盒随天平横梁而在外盒内上下移动。这样由于盒内空气的阻力，天平很快就会停止摆动。

为了便于观察天平梁的倾斜程度，在横梁中间装有一根细长的金属指针 10，并在指针下端装有微分标牌。

为了保护刀口，旋转旋钮 15 带动升降枢纽可以使天平梁慢慢托起或放下。当天平不使用时应将横梁托起，使刀口和刀承分开。切不可接触未将天平梁托起的天平，以免磨损刀口。

横梁的顶端装有调节零点的螺钉 4，用以调节天平的零点，横梁的背后装有感量调节圈（重心调节螺钉），以调整天平活动部分重心。重心调节螺钉的位置往下移，天平稳定性增加，灵敏度降低。

为了保护天平，并减少周围温度、气流等对称量的影响，分析天平应装在天平箱中，其水平位置可通过支柱上的水准器（在横梁背后）来指示并由垫脚上面的调水平螺钉18来调节。使用天平时，首先应调节到水平位置。

每台天平都有它配套的一盒砝码，每个砝码都必须在砝码盒内的固定位置上，砝码组合通常有100g、50g、20g、20g*、10g、5g、2g、2g*、1g，两个质量值相同的砝码，其中一个有*标记，为了减少误差，同一个实验称量中，应尽可能使用相同的砝码，砝码在使用一定时间后，应进行校准。

1g以下的质量，由机械加码装置和光学读数装置读出。机械加码装置如图3-6所示，它用来添加1g以下，10mg以上的圈形小砝码。使用时，只要转动指数盘的加码旋钮（图3-5的9），则圈码钩4就可以将圈码3自动地加在天平梁右臂上的金属窄条2上，加入圈码的质量由指数盘标出。如果天平的大小砝码全部都由指数盘的加砝码旋钮自动加减，则称为全自动电光天平。

天平底板下装有调零杆，拨动调零杆来移动投影屏，可进行天平零点的微调。

光学读数装置如图3-7所示。称量时打开旋钮接通电源，灯泡发出的光经过聚光管6聚光后，照在透明微分标尺5上，再经物镜筒4，放大的标尺像经反射镜3和反射镜2后，到达投影屏1上，因此在投影屏上可以直接读出微分标尺的刻度。由于微分标尺是装在指针的下端，因此也就可以直接从投影屏上读取指针所指的刻度。微分标尺刻有十大格，每一大格相当于1mg，每一大格分别为10小格（即10分度），每分度相当于0.1mg。因此在投影屏上显示出的标尺读数向右（或左）移动的一小格时相当于增减0.1mg砝码，所以在投影屏上可直接读数10mg以下至0.1mg的质量。

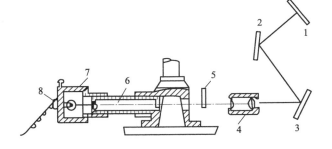

图3-6　机械加码装置

1—横梁；2—金属窄条；

3—圈码；4—圈码钩

图3-7　光学读数装置示意图

1—投影屏；2—反射镜；3—反射镜；4—物镜筒；

5—微分标尺；6—聚光管；7—照明筒；8—灯头座

单盘电光天平仅有一个称量盘（单盘），全部小砝码都挂在盘的上部，在梁的另一端则装有固定的重锤和阻尼器与之平衡（图3-8）。称量时把物体放入盘中，减去适当的砝码，使天平重新达到平衡。这时，被减去的砝码重，即为被减量的物体重，并由指数盘和投影屏直接读出，所以它是一种减码式的全自动电光天平。

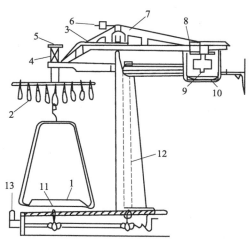

图 3-8 单盘电光天平构造示意图

1—天平盘；2—可动砝码；3，4—玛瑙刀口；
5—吊耳；6—零点调节螺钉；7—调重心螺钉；
8—空气阻尼片；9—平衡锤；10—空气阻尼筒；
11—盘托；12—升降枢纽；13—旋钮

3.3.2 分析天平的灵敏度

（1）天平灵敏度的表示方法 天平的灵敏度（E）是天平的基本性能之一。它通常是指在天平的一个盘上，增加 1mg 质量所引起指针偏斜的程度。因此指针偏斜的角度越大，则灵敏度也就越高。灵敏度 E 的单位是分度/mg。在实际使用中也常用灵敏度的倒数来表示，即

$$S = 1/E$$

S 称为分度值（感量），单位是 mg/分度。例如，一般电光天平分度值 S 以 0.1mg/分度为标准

$$灵敏度(E) = 1/0.1 = 10 \text{ 分度/mg}$$

即加 10mg 质量可引起指针偏移 100 分度。0.1mg 为 1g 的万分之一，故这类天平也称为万分之一天平。一般使用中的电光天平灵敏度，要求增加 10mg 质量时指针偏移的分度数在 100±2 分度之内。否则应该用重心调节螺钉进行调整。天平的灵敏度太低，则称量的准确度达不到要求；灵敏度太高，则天平的稳定性太差，也影响称量的准确度。

天平的基本性能除了灵敏度外，一般还用示值变动性和不等臂性来表示。示值变动性是以不改变天平状态的情况下，重复开关旋钮数次，当天平达到平衡时指针所指的位置的最大值和最小值之差来表示。使用中的天平要求示值变动性不超过 1 分度。示值变动性太大，则天平的稳定性差。不等臂是指天平横梁两臂不相等的程度，使用中的分析天平要求等臂性误差不大于 9 个分度。此误差的大小与天平的载荷大小成正比，称量中一般只是使用最大载荷的几分之一，几十分之一或更小，因此这时的不等臂性误差可以忽略。

（2）灵敏度的测定

① 零点的测定。测定灵敏度前，先要测定天平的零点。零点（空载平衡点）是指未载重的天平处在平衡状态时指针所指标尺刻度。载重天平处于平衡状态时所指的标尺刻度则称平衡点（或停点）。

测定零点时，先接通电源，然后顺时针方向慢慢转动旋钮，待天平达到平衡点后，检查微分标尺的零点是否与投影屏上的标线重合，如两者相差较大则应旋动零点调节螺钉（图 3-5 中的 4），进行调整。如相差不大可拨动旋钮下面的调零杆，挪动一下投影屏的位置，便可使两者重合。

② 灵敏度的测定。零点调节后，在天平的左盘上放一校准过的 10mg 片码。启动天平，若标尺移动的刻度与零点之差在 100±2 分度范围内，则表示其灵敏度符合要求；若超出此范围，则应进行调节（不要求学生自己调）。

天平载重时，梁的重心将略向下移，故载重后的天平灵敏度有所降低。

3.3.3　分析天平的称量方法

（1）直接法　此法用于称取不易吸水，在空气中性质稳定的物质。将试样置于天平盘的表面皿上直接称取。称量时先调节天平的零点至刻度"0"或"0"附近，把待称物体放在左盘的表面皿中，按从大到小的顺序加减砝码（1g 以上）和圈码（10～999mg），使天平达到平衡。则砝码、圈码及投影屏所表示的质量（经零点校正后）即等于该物质的质量。

例如，称量一物体时，天平的零点为 -0.1 分度（相当于 $-0.0001g$），称量达到平衡时，称量结果为：砝码 16g，指数盘读数 360mg，投影屏读数 6.4mg，则物体质量为 $16.3664-(-0.0001)=16.3665g$。

如指定称取 0.5g 左右（称准到小数后第四位）的试样时，可先调节机械加码于 500mg 处，在左盘上加入试样，然后增减圈码称试样，使其在 0.5g 左右达到平衡，记下准确的称量结果，并将称得的试样全部转移到准备好的干净容器中。

（2）减量法　此法用于称量粉末状或容易吸水、氧化、与 CO_2 反应的物质。一般使用称量瓶称取试样。称量瓶使用前须清洗干净，在 105℃ 左右的烘箱内烘干（图 3-9），放入干燥器内冷却。烘干的称量瓶不能用手直接拿取，要用干净的纸条套在称量瓶上拿取。

称取样品时，把装有试样的称量瓶盖上瓶盖，放在天平盘上，准确称至 0.1mg。用左手捏紧套在称量瓶上的纸条，取出称量瓶，右手隔着一小纸片捏住盖顶，在靠近烧杯口的上方轻轻地打开瓶盖（勿使盖离开烧杯口或锥形瓶口上方）。慢慢地倾斜瓶身，一般使用称量瓶的瓶底高度与瓶口相同或略低于瓶口，以防试样冲出太多。用瓶盖轻轻敲瓶口上方或右侧，使试样慢慢落入烧杯中（图 3-10）。当倾出的试样已接近所需的量时，慢慢将瓶竖起，同时用瓶盖轻轻敲击瓶口，使附在瓶口的试样落入容器或称量瓶内，然后盖好瓶盖，这时方可将称量瓶离开容器上方并放回天平盘再进行称量。最后，由两次称量之差计算取出试样的质量。

图 3-9　称量瓶的烘干

图 3-10　倾出试样

3.3.4　使用天平的规则

分析天平是一种精密仪器，使用时必须严格遵守下列规则。

（1）称量前应进行天平的外观检查（见实验 4.2）。

（2）热的物体不能放在天平盘上称量，因为天平盘附近因受热而上升的气流将使称量结果不准确。天平梁也会受热膨胀影响臂长而产生误差。因此应将热的物体冷却至室温后再进行称量。

（3）对于具有腐蚀性蒸气或吸湿性的物体，必须把它们放在密闭容器内称量。

（4）在天平盘上放入或取下物品、砝码时，都必须先把天平梁托住，否则容易使刀口损坏。

（5）旋转旋钮应细心缓慢，开始加砝码时，先估计被称量物重，选加适当的砝码，然后微微开启天平，如指针标尺已摆出投影屏以外，应立即托起天平梁，从大到小换砝码，直到指针的偏转在投影屏标牌范围内。在托住天平梁后，关好天平门，然后完全开启天平，待天平达到平衡时记下读数。

（6）称量的物体及砝码应尽可能放在天平盘的中央，使用自动加码装置时应一挡一挡慢慢地转动，以免圈码相碰或跳落。

（7）分析天平的砝码都有准确的质量，取砝码时必须用镊子，而不得用手指直接拿取，以免弄脏砝码使其质量不准，砝码都应该放在砝码盒中固定的位置上，称量结果可先根据砝码盒中空位求出，然后再和盘上的砝码重新校对一遍。

（8）称量完毕后，应将砝码放回砝码盒内，用毛刷将天平内掉落的称量物清除，检查天平梁是否托住，砝码是否复原，然后用罩布将天平罩好。

3.4 灯的使用

在实验室的加热操作中，常使用酒精灯、酒精喷灯、煤气灯和电炉等。酒精灯的温度通常可达 400～500℃，酒精喷灯或煤气灯的最高温度通常可达 1000℃左右，高温电炉则可达更高的温度。灯的火焰一般分成三部分，各处温度不同，图 3-11 中，数字代表火焰的温度是高温、最高温、低温、最低温。

（1）酒精灯　酒精灯使用时，加入酒精只能占酒精灯容积的 2/3。点燃酒精灯需用火柴，切勿用已点燃的酒精灯直接去点燃别的酒精灯。熄灭灯焰时，切勿用口去吹，应将灯罩盖上，火焰即灭；然后再取下灯罩，待灯口冷却，再盖上灯罩，这样可以防止灯口破裂，也可以防止塑料灯罩受热损坏。长时间加热时最好先预先用湿布将灯身包围，以免灯内酒精受热大量挥发而发生危险。不用时，必须将灯罩盖好，以免酒精挥发。

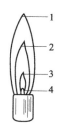
图 3-11　灯火焰温度的分布
1—高温；2—最高温；
3—低温；4—最低温

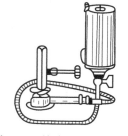
图 3-12　挂式酒精灯的结构

图 3-13　坩埚的灼烧

（2）酒精喷灯　常用的酒精喷灯有挂式（图 3-12）及座式两种。挂式喷灯的酒精贮存在悬挂于高处的贮罐内，而座式喷灯的酒精则贮存在灯座内。使用前，先在预热盆中注入酒精，然后点燃盆中的酒精以加热铜质灯管。待盆中酒精将近燃完时开启开关（逆时针转），这时由于酒精在灯管内汽化，并与来自气管孔的空气混合。开关阀门可以控制火焰的大小。用毕后，旋紧开关，即可使灯焰熄灭。

应当指出，在开启开关、点燃管口气体以前，必须充分灼热灯管，否则酒精不能全部汽化，会有液态酒精由管口喷出，可能形成"火雨"（尤其是挂式喷灯），甚至引起火灾。

挂式喷灯不使用时，必须将贮罐开关关好，以避免酒精漏出，甚至因此而发生事故。

3.5 加热方法与冷却方法

3.5.1 加热方法

常用的受热仪器有烧杯、烧瓶、锥形瓶、蒸发皿、坩埚、试管等。这些仪器一般不能骤热骤冷，受热后也不能立即与潮湿的或冷的物体接触，以免由于骤冷或骤热而破碎。加热液体时，液体体积一般不应超过容器的一半，在加热以前必须将容器外壁擦干。

烧杯、锥形瓶、烧瓶等加热时，必须放在石棉网上加热，以免受热不匀而破裂。蒸发皿、坩埚可放在石棉网上加热，或放在泥三角上加热、灼烧（如图 3-13 所示），如需移动则必须用干净的坩埚钳夹取。

在火焰上加热试管时，应使用试管夹夹住试管的中上部（也可用拇指和食指持试管），试管与桌面成约 60°的倾斜（图 3-14）。如果加热液体，应先加热液体的中上部，慢慢移动试管，热及下部，然后不时上下移动或振荡试管，使内部的液体受热均匀，以免管内液体因受热不均匀而骤然溅出。

如果加热潮湿的或加热后有水产生的固体时，应将试管口稍微向下倾斜，使管口略低于底部（图 3-15），以免在试管口冷凝的水流向灼烧的管底而使试管破裂。

图 3-14　用试管加热液体

图 3-15　用试管加热潮湿的固体

如果要在一定范围内的温度下进行较长时间加热，则可使用水浴（图 3-16）、蒸汽浴（图 3-17）或砂浴等。水浴或蒸汽浴可用具有可移动的同心圆盖的铜制水锅（图 3-17，也可用烧杯）。砂浴是盛有细砂的铁盘。应当指出，离心试管由于管底的玻璃较薄，不宜直接加热，应在水浴中加热。

在 100～250℃ 间加热可用油浴。常用的油类有液体石蜡、豆油、棉子油、硬化油（如氢化棉子油）等。新用的植物油加热以不超过 200℃ 为宜，用久以后，可加热到 220℃。硬化油可加热到 250℃ 左右。甘油适用于加热到 140～150℃。应防止加热温度过高，否则会产生油的分解，甚至燃烧。万一着火，不要惊慌，应首先关闭热源，再移去周围易燃物，然后用石棉盖住油浴口。油浴中应悬挂温度计，以便控制温度。

加热完毕后，把容器提出油浴液面，此时仍用铁夹夹住，置于油浴上面，待附着在容器外壁上的油流完后，用纸或干布把容器外壁擦净。

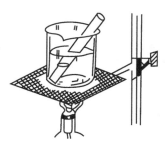

图 3-16　水浴加热

图 3-17　蒸汽浴加热

3.5.2　冷却方法

将反应物冷却的最简单的方法是将盛有反应物的容器适时地浸入冷水浴中。

某些反应需在低于室温的条件下进行，则可用水和碎冰的混合物作冷却剂，它的冷却效果要比单用冰块好，因为它能和容器更好的接触。如果水的存在不妨碍反应的进行，则可以把碎冰直接投入反应物中，这样能更有效地保持低温。

若要把反应混合物冷却到 0℃ 以下时，可用食盐和碎冰的混合物，食盐投入冰内时碎冰易结块，最好边加边搅拌；也可用冰与六水合氯化钙结晶（$CaCl_2 \cdot 6H_2O$）的混合物，温度可达到 -20～40℃。如用干冰（固体二氧化碳）与丙酮混合物，温度可达到 -77℃。

3.6　药品的取用方法

取用药品前，应看清标签和瓶子类型。取用药品时，如遇到瓶塞顶是平的或很接近平的瓶塞，取出后要倒置桌上；并要放稳妥，如遇到瓶塞顶不是平的，是扁凸的或球状的，要用食指和中指（或中指和无名指）将瓶塞夹住（或放在清洁、干净的表面皿上，但要防止沾污），绝不可横置桌上。

固体药品需用清洁、干燥的药勺（塑料、玻璃或牛角的）取用，不得用手直接拿取。

液体药品一般可用量筒量取，或用滴管吸取，用滴管将液体滴入试管中时，应用左手垂直地拿持试管，右手持滴管放在试管口的正中上方（图 3-18），否则滴管口易沾有试管壁上的其他液体，如果将此滴管放入药品瓶中，则会沾污瓶中的药品（图 3-19）。若所用的是滴瓶中的滴管，使用后应立即插回原来的滴瓶中。不得把盛有液体药品的滴管横置或将滴管口向上斜放，以免液体流入滴管的橡胶头内。

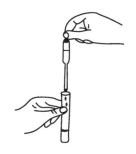

图 3-18　用滴管加液体药品　　图 3-19　用滴管加液体药品　　图 3-20　用量筒取
　　　的正确操作　　　　　　　　　的不正确操作　　　　　　液体的操作

用量筒量取液体时，应左手持量筒，并以大拇指指示所需体积的刻度处；右手持药品瓶（药品标签应在手心处）。瓶口紧靠量筒边缘，慢慢注入液体到所指刻度（图 3-20）。读取刻度时，视线应与量筒内液体的弯月面的最低处保持在同一水平上。如果不谨慎，倾出了过多的液体，不可倒回原瓶，应报告老师后作处理。

药品取用后，必须立即将瓶塞盖好。实验室中药品瓶的安放，一般均有一定的次序和位置，不得任意改动。若必须移动药品瓶，使用后应立即放回原处。

3.7　沉淀的分离、洗涤、烘干和灼烧

3.7.1　沉淀的分离和洗涤

（1）倾析法　当沉淀的密度较大或结晶颗粒较大，静置后容易沉降至容器的底部时，可用倾析法。首先让固-液系统充分静置，将沉淀上部出现的澄清溶液倾入另一容器内，即可使沉淀和溶液分离（图 3-21）。洗涤时，可往盛着沉淀的容器内加入少量洗涤剂（常用的有蒸馏水、酒精等），把沉淀和洗涤剂充分搅匀后，充分静置，使沉淀沉降，再小心地倾出洗涤液。如上操作重复两三遍，即可洗净沉淀。

（2）过滤法　分离溶液与沉淀最常用的操作是过滤法。当溶液和沉淀的混合物通过滤器（如滤纸）时，沉淀就留在滤器上，溶液通过滤器。过滤后所得到的溶液通常称滤液。

图 3-21　倾斜法

溶液的温度、黏度、过滤时的压力、过滤器孔隙大小和沉淀的性质，都会影响过滤的速度。热溶液比冷溶液易过滤。溶液的黏度越大，过滤越慢。减压过滤比常压过滤快。过滤器的孔隙要选择适当，太大易透过沉淀，太小则易被沉淀堵塞，使过滤难于进行。若沉淀呈现胶状时，能穿透一般的滤器（如滤纸），应设法先把沉淀的胶态破坏（例如加热）。总之，要考虑各方面的因素来选用不同的过滤法。

常用的过滤法有常压过滤和减压过滤，现分述如下。

① 常压过滤　常压过滤就是在通常的气压下，用贴有滤纸的漏斗作为滤器来进行过滤。其操作如下。

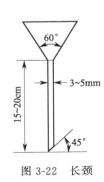

图 3-22　长颈漏斗尺寸

a.选择滤纸和漏斗　根据沉淀量和沉淀性质（胶状沉淀或晶体沉淀）来选择尺寸和孔隙大小（或致密程度）合适的圆形滤纸。沉淀的量多，滤纸要大。沉淀只能装到相当于滤纸圆锥高度的 1/3 至 1/2 处。经常用的是 7cm、9cm 或 11cm 的圆形滤纸。如果沉淀呈胶状，所占体积较大，则滤纸要大些，而且应用质松孔大的滤纸。沉淀粒度越细，所需滤纸就应越致密。漏斗一般选用长颈（颈长 15～20cm）的。漏斗锥体角度应为 60°。颈的直径要小些（通常是 3～5mm），以便在颈内容易保留住液柱，这样才能因液柱的重力而产生抽滤作用，过滤才能迅速（图 3-22）。在整个过滤过程中，漏斗颈内能否保持液柱，这不仅与漏斗选择有关，还与滤纸的折叠、滤纸是否贴紧在漏斗的内壁上、漏斗的

内壁是否洗净、过滤操作是否正确等因素有关。

　　b. 滤纸的折叠　　过滤时，手要洗净擦干，然后把选好的圆形滤纸折叠成圆锥体后放入漏斗中（图 3-23），此时滤纸圆锥体上边边缘应低于漏斗边缘 1cm 左右，滤纸圆锥体的上缘大部分应与漏斗内壁密合，而滤纸圆锥顶部的极小部分与漏斗内壁形成缝隙。如果漏斗圆锥角为 60°，则滤纸圆锥体角度应稍大于 60°（约 62°～63°）。为此，先把滤纸整齐地对折成半圆形 [图 3-23(b)]，然后再对折，但不要把半圆的两角对齐而向外错开一点 [图 3-23(c)]。这样打开所形成的圆锥体的顶角就稍大于 60°。为了保证滤纸与漏斗的密合，第二次对折时不要折死，把滤纸打开成圆锥体，放入漏斗（此时漏斗应干净而且干燥）。如果滤纸的圆锥体绝大部分与漏斗内壁不十分密合，可以稍稍改变滤纸的第二次折叠程度，直到与漏斗内壁密合为止；此时还可以把第二次的折边折死，并由漏斗中取出。这个滤纸的圆锥体 [图 3-23(d)]，半边为三层，另一边为一层。然后把三层一方的外两层折角撕下一小块，这样可使这个地方的内层滤纸更好地贴在漏斗上，否则此处会有空隙（撕下来的纸角保持在干净的表面皿上，必要时有用）。把正确折叠好的滤纸圆锥体放入漏斗，放入时要注意，滤纸锥体的三层应放在漏斗出口短的一边，并使滤纸锥体与漏斗内壁密合，这时左手的食指和拇指捏住滤纸锥体三层一边和漏斗 [图 3-23(e)]，不可松开，右手拿洗瓶用细水流把滤纸湿润。然后用手指轻压滤纸锥体上部，让其绝大部分与漏斗内壁没有空隙，使之紧贴在内壁上。再从滤纸锥体内的三层一边加入蒸馏水至几乎达到滤纸边（不得超过！）。随水下流时的漏斗颈应全部被水充满，而漏斗颈内的水柱仍能保留 [图 3-23(f)]。若不能充满，则可能是漏斗颈内壁没有洗净，或滤纸与漏斗没有密合等因素造成的，应设法加以解决。在全部过滤过程中，漏斗颈必须一直被液体所充满，过滤才能迅速。

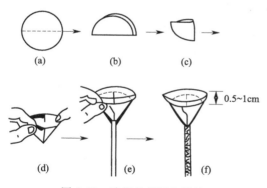

图 3-23　滤纸的折叠和贴法　　　　　　　　　　　　　　图 3-24　过滤装置

　　c. 过滤装置　　将紧贴好滤纸的漏斗放在漏斗架孔或铁架台的铁圈中，滤纸的三层一边向外。漏斗下方放一承接滤液的干净烧杯（或其他容器），漏斗出口长的一边紧靠杯壁（但不要靠在杯嘴附近），以便滤液顺着器壁留下，不至飞溅。漏斗位置的高低，以过滤过程中漏斗颈的出口不接触滤液为度（图 3-24）。烧杯上盖一表面皿可以防止空气中的尘埃对滤液的污染。在同时进行几个平行分析时，应把装有待滤沉淀的烧杯标号，并分别放在相应的漏斗之前，以免相混。

　　d. 过滤　　过滤一般分三个阶段，即先转移澄清溶液，后转移沉淀，最后洗涤烧杯和玻璃棒。要注意，过滤和洗涤一定要一次完成。

　　e. 倾析法转移澄清溶液　　为了倾注澄清溶液时尽可能不搅动沉淀，最好把装沉淀的烧杯一头用木板垫起，倾斜静置，注意烧杯嘴向下［亦可将烧杯嘴相对一边的杯底垫高，而且垫高的一边是右边，如图 3-25 (a)］。待溶液与沉淀分清以后，用右手轻轻拿起烧杯，勿使沉淀搅动，将烧杯移到漏斗上使烧杯嘴正在漏斗中心上方。倾斜烧杯，同时用左手从烧杯中轻轻提起玻璃棒（在加沉淀剂溶液时用以搅拌以后，除过滤转移溶液时，可移至漏斗口上方以外，其余时间一直留在烧杯中），并将玻璃棒下端的液体接触烧杯内壁，以便悬在

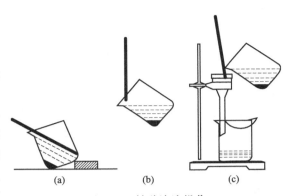

图 3-25　转移溶液操作

玻璃棒下端的溶液留回到烧杯中［图 3-25(b)］。将玻璃棒与烧杯嘴贴紧，并使玻璃棒垂直直立，下端对着滤纸三层一边，不要直立在滤纸锥体的中心或一层处，并尽可能接近，但不能接触滤纸［图 3-25(c)］。用洁净的烧杯承接滤液（即使滤液不要也要这样要求）。然后，慢慢倾斜烧杯勿使杯底沉淀搅起，使上层清液沿玻璃棒流入漏斗。当烧杯里留下的液体很少而不易流出时，可以稍向左倾斜玻璃棒，使烧杯倾斜度更大些，液体则比较容易流出。注意液体只能加到距离滤纸边缘 5mm 处，再多则会使沉淀"爬"到漏斗上去。应控制清液的流出速度，使上层清液的倾注过程一次完成，尽量避免中断倾注而等待过滤。在每次倾注完了时或在必要中断倾注时，必须先扶正烧杯（在扶正烧杯的过程中，不要拿开玻璃棒），随烧杯向下直立可慢慢把烧杯嘴贴着玻璃棒向上提一些，等玻璃棒和烧杯由相互垂直变为平行时，将玻璃棒离开烧杯嘴而迅速移入烧杯，这样才能避免留在棒端及烧杯嘴上的液体落到漏斗外面去。把烧杯放在桌上，此时玻璃棒不要靠在烧杯嘴处，因为此处可能沾有少量沉淀。

图 3-26　沉淀洗出

图 3-27　沉淀在漏斗中的洗涤

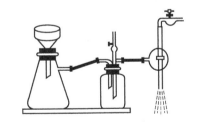

图 3-28　减压过滤装置

f. 沉淀的洗涤　如果需要洗涤沉淀，则等清液转移完毕后，往盛着沉淀的烧杯中加入少量的洗涤剂（洗涤剂可以是水，或沉淀剂溶液等）。洗涤剂应沿着烧杯内壁四周加入，以便将烧杯壁上的沉淀洗下，充分搅拌混合（玻璃棒只能搅动沉淀和溶液，不可触动杯壁和杯底，以免将烧杯内壁磨出痕迹，沉淀沉积在磨痕里，造成沉淀洗涤困难，使沉淀难于全部转移出来），静置，待沉淀下沉后，把澄清洗涤液按上述方法转移入漏斗，如此重复操作 2～3 遍。最后，用一支试管承接最后一次洗涤的滤液约 1mL，用来检查滤液中的杂质含量，判断沉淀是否洗净。注意，洗涤液的体积过大，会造成溶解误差，还会影响滤液

蒸发浓缩的时间。

g. 转移沉淀　转移沉淀时，往盛有沉淀的烧杯中加入少量洗涤剂（沿杯壁四周加入），加入洗涤剂的量（包括沉淀的量）应该比滤液锥体一次所能容纳的体积稍少些，搅拌混合液（勿使沉淀溅在器壁上），不待沉淀下沉，按转移清液的同样方式将沉淀于洗涤剂的混合液转移入漏斗，注意最后一滴混合液切勿流到烧杯外壁或顺玻璃棒下端落在漏斗外边。再次往烧杯加入另一份洗涤剂，再将溶液及沉淀搅拌混合，再按上述方法转移，如此重复操作 2～3 遍。最后一次转移以后如仍有沉淀未转移完全，特别是杯壁和玻璃棒上沾有沉淀，此时还需从塑料洗瓶中挤出少量的蒸馏水按顺序淋洗整个烧杯内壁，洗涤液和沉淀便顺玻璃棒流入漏斗（图 3-26）。注意挤出的洗涤液的液流要细，量不要过多，切勿使洗涤液超过滤纸边缘。

最后再用少量的蒸馏水淋洗烧杯和玻璃棒，洗涤的水也要转入漏斗中。滤纸上的沉淀中必定还吸留着母液，还要用少量蒸馏水仔细淋洗滤纸上沉淀多次，每次淋洗滤纸边缘稍下一些地方。滤纸锥体的三层的一边，不易洗涤充分，因此在这个地方要多洗两次。洗涤时，要等第一次的洗涤液留尽以后，再进行第二次的洗涤。如此继续直到沉淀上层平齐为止（图 3-27）。注意用水量不能过多，洗涤水也必须全部滤入接受滤液的容器中。

如需要过滤的混合液中含有能与滤纸作用的物质（如有些浓的强碱、强酸或强氧化性的溶液），因为它们会破坏滤纸，这时可用纯净的石棉或玻璃丝在漏斗中铺成薄层代替滤纸过滤。

② 减压过滤　减压过滤简称抽滤。减压可以加速过滤，还可以把沉淀抽吸得比较干燥，但是胶态沉淀在过滤速度很快时会透过滤纸，颗粒很细的沉淀会因减压抽吸而在滤纸上形成一层密实的沉淀，使溶液不易透过，反而达不到加速的目的，故不宜用减压过滤法。

减压过滤装置由布氏漏斗、吸滤瓶、安全瓶和玻璃抽气管组成（图 3-28）。玻璃抽气管（水泵）一般装在自来水龙头上（用专门的抽滤泵效果更好，但成本较高）。

抽滤的原理是利用玻璃抽气管中急速的水流不断将空气带出，使与玻璃抽气管相连的安全瓶和吸滤瓶内压力减小，因此过滤的速度大大加快。安全瓶可以防止因关闭水阀或玻璃抽气管内水速度突然改变引起压力变化，自来水倒吸进入吸滤瓶内将滤液沾污并冲稀。也正因为如此，在停止过滤时，应首先从吸滤瓶上拔掉连接的橡胶管，然后才关闭自来水龙头，以防止自来水倒吸进入吸滤瓶内。

减压过滤操作时，将滤纸放入漏斗中，用少量水湿润滤纸，微开自来水龙头，稍微抽气减压使滤纸紧贴在漏斗瓷板上。使溶液沿着玻璃棒进入漏斗中，注意加入的溶液不要超过漏斗总体积的 2/3。开大水阀，待溶液全部转入漏斗内后，再把沉淀转移到滤纸的中间部分（不要把沉淀转移在滤纸边缘，否则会使取下滤纸和沉淀的操作较为困难），其他操作与常压过滤相同。过滤完毕后，先拔掉连接吸滤瓶的橡胶管，后关自来水龙头。用手指或玻璃棒轻轻揭起滤纸边以取下滤纸和沉淀。瓶内的滤液则由吸滤瓶的上口倾出，瓶的侧口只作连接减压装置用，不要从其中倾出滤液，以免弄脏溶液。

洗涤沉淀的方法与常压过滤中洗涤沉淀方法相同，但不要使洗涤液过滤得太快（可适当地把自来水龙头关小一些），以免沉淀不能洗净。

如果被过滤的溶液具有强碱、强酸或强氧化性，溶液会和滤纸作用而把滤纸破坏，这时就需要在布氏漏斗上铺上石棉纤维来代替滤纸过滤。待石棉纤维在水中浸泡一段时间后，把石棉和水搅匀制成石棉纤维的悬浊液，倾入布氏漏斗内，倒入的量以恰好能形成厚薄合适的过滤层为宜。稍待，使粗纤维自动下沉，然后开始轻轻抽气减压，使石棉纤维紧贴在漏斗瓷板上。铺完后，如果发现上面仍有小孔，则要在小孔上补加一些石棉纤维悬浊液，再抽气减压，直到没有小孔为止。应该尽量使石棉纤维铺成均匀、厚薄合适的过滤层。然后在抽气下，用水冲洗，直到滤出液不带有石棉毛为止。停止抽气时，应该先拔掉吸滤瓶与安全瓶间的橡胶管，以免冲坏滤层。使用石棉纤维与使用滤纸的操作方法完全相同。过滤后，沉淀往往和石棉纤维粘在一起，取下的沉淀中将会夹杂有较多的石棉纤维，所以此法适用于过滤后所要的是溶液，而沉淀是被废弃的情况。

为了避免沉淀被石棉纤维沾污，可用玻璃砂芯漏斗来过滤具有强氧化性或强酸性的物质。过滤作用通过熔接在漏斗中部具有微孔的烧结玻璃片进行，故玻璃砂芯漏斗也称烧结玻璃漏斗。各种烧结玻璃片的孔隙大小不同，其规格以 1、2、3、4 号表示，1 号玻璃砂芯漏斗的孔隙最大而 4 号最小，可以根据沉淀颗粒大小不同来选用。玻璃砂芯漏斗不能用于碱性溶液的过滤，因为碱与玻璃作用会使烧结玻璃片的微孔堵塞。

玻璃砂芯漏斗使用后要用水洗去可溶物，然后在 6mol/L 硝酸溶液中浸泡一段时间，再用水洗净。不要用硫酸、盐酸或洗液去洗涤玻璃砂芯漏斗，否则，可能生成不溶性的硫酸盐和氯化物而把烧结玻璃片的微孔堵塞。

（3）离心分离　当被分离的溶液和沉淀的混合物的量很少，在过滤时沉淀会粘在滤纸上而难以取下，这时可以用离心管分离代替过滤，操作简单迅速。离心分离常用电动离心机（图 3-29）。把盛有待分离溶液和沉淀的离心管放入离心机套管内，在其对面套管内放入一盛有与其等量水的离心试管，这样可使离心机的臂保持平衡。然后缓慢而均匀地启动离心机，再逐渐加速，待离心机旋转一段时间（称离心沉降时间）后，任离心机自然停止转动。待离心机完全停止转动后，取出离心管（要小心！切勿触动沉淀），观察被分离的溶液和沉淀是否分离开，如已分离开，则沉淀紧密聚集在离心管底部而澄清溶液在上部。否则，要再把离心管放入离心机中，进行第二次离心分离，直至溶液和沉淀完全分离为止。

图 3-29　电动离心机

图 3-30　用滴管移去沉淀上的溶液

离心分离完毕后，取出离心管，再取一支长颈的滴管，先捏紧其橡胶头，然后小心地插入离心管中的溶液层，插入的深度以滴管尖端不接触沉淀为度（图 3-30）。然后慢慢放松捏紧的橡胶头，吸出溶液装入另一离心管中，留下沉淀。

如需洗涤沉淀，可往沉淀中加入少量洗涤剂，把沉淀与洗涤剂充分摇匀后，再进行离心分离，然后吸出溶液。重复操作 2～3 遍即可。

离心分离操作应注意如下几点。

① 装入离心管中的溶液不能超过离心管体积的 2/3，离心管和套管的长度和管径应符合，离心管太长、太大和太小，在离心时易受撞破裂，溶液四溅，沾污和损坏离心机。

② 装入离心机套管内的离心管必须对称等重，否则离心机会失去平衡而损坏。

③ 如果使用电动离心机，启动离心机，要逐挡地加速（开一挡后，要稍等片刻，才能开高一挡）；停止离心机，要逐挡减速，当减至"0"挡时，还要稍等一下，听离心机内不发出响声时，方可打开离心机盖，取出离心管。电动离心机的转速很快，使用时要特别注意安全。要严防漏电，使用前要检查。用完后切断电源。

④ 要经常保持离心机的清洁干燥。

3.7.2 沉淀的烘干和灼烧

（1）坩埚的准备　沉淀的烘干和灼烧是在洁净并预先经过灼烧恒重的坩埚中进行的。因此，先洗净坩埚并晾干，然后将空坩埚（连坩埚盖）放入马弗炉（高温电炉）内灼烧至恒重。灼烧空坩埚的温度和时间应与灼烧沉淀的温度和时间相同，而灼烧沉淀的温度和时间根据沉淀的特性而定。空坩埚一般灼烧 15～30min。空坩埚灼烧后，用经过预热的坩埚钳将坩埚移至炉口旁边冷却片刻，取出坩埚，放在洁净干燥的泥三角（或耐火板）上（用完的坩埚钳应平放耐火板上，钳尖向上），稍冷后（红热退去，再冷 1min 左右），用坩埚钳夹取坩埚放入干燥器内冷却，一般冷却 30～60min，待冷却至与天平室内温度相同时进行称重，准确地记录所称得的坩埚的质量，再次将坩埚放入马弗炉内按相同条件进行再灼烧、冷却、再称量，直至恒重（连续两次称重相差在 0.3mg 以下，才算达恒重）为止。注意：在第二次称量时，可先将砝码按第一次所称得称量值放好，然后再放上坩埚称重，这样可以加速称量，减少称量误差。恒重后的坩埚放在干燥器中备用。

（2）沉淀的包裹　经过过滤和洗涤后的沉淀，若是晶体沉淀（体积一般较小）可用顶端细而光滑的清洁玻璃棒将滤纸的三层部分掀起（图 3-31），紧接着用洗净的手将沉淀的滤纸锥体一起取出，注意手指不要碰着沉淀，然后用图 3-32 所示的折叠包裹方法次序进行包裹，要包裹得紧些，但不要用手指压沉淀，最后将包裹好沉淀的滤纸放入已恒重的坩埚中，滤纸层数较多的一面朝上，以便炭化和灰化。

若沉淀是胶状（体积一般较大），不宜按上述包裹方法，则应在漏斗中进行包裹（图 3-33）。方法是：用洗净的扁头玻璃棒将锥体滤纸四周边缘向中央折叠，使沉淀全部封住。再用玻璃棒把它转移到已恒重的坩埚中，锥体的尖头朝上。

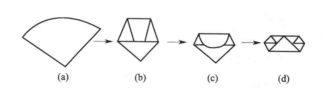

图 3-31　从漏斗上取出
滤纸和沉淀

（a）　　（b）　　（c）　　（d）

图 3-32　过滤后晶型
沉淀的包裹

图 3-33　胶状
沉淀的包裹

（3）沉淀的烘干、灼烧及恒重

① 沉淀的烘干、滤纸的炭化和灰化　将带有沉淀的坩埚斜放在泥三角上 ［图 3-34(a)］，而坩埚底应放在泥三角的一边上，将坩埚口对着泥三角的顶角，在贴有沉淀的坩埚壁一侧，坩埚盖半盖半掩地倚在坩埚口 ［图 3-34(b)］，这样便于利用反射焰将滤纸和沉淀干燥、滤纸的炭化和灰化。先将火焰放在坩埚盖中心之下，小心用火加热坩埚盖后，热空气便反射到坩埚内部，而水蒸气从上面逸出。待沉淀及滤纸干燥以后，将火焰移至坩埚底部，稍

稍增大火焰使滤纸炭化，注意火力不能突然加大，也不要太小，应使火焰尖端刚刚接触坩埚底部。炭化时不能让滤纸着火，如果滤纸着火，应立即把灯移开，并用坩埚盖把坩埚口盖严，使火焰自动熄灭，切不可吹灭，以免沉淀飞扬散失。坩埚盖盖好以后稍等片刻，再打开盖，继续加热，直至全部灰化为止。在灰化过程中，为了使坩埚壁上的炭完全灰化，应该随时用坩埚钳夹住坩埚转动，但注意每次只能转一极小的角度，以免转动过剧时，沉淀飞扬散失。

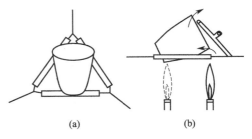

图 3-34　沉淀的烘干

② 沉淀的灼烧及恒重　滤纸全部灰化后，立即将带有沉淀的坩埚移入马弗炉内，沉淀在与灼烧空坩埚相同的条件下进行灼烧，灼烧完全后，先关闭电源，然后打开炉门，用长坩埚钳（要先预热）将坩埚移到炉口旁边冷却片刻，再移到干燥洁净的泥三角（或耐火板）上，冷却至红热消退，再冷却 1min 左右，将它移入干燥器中继续冷却（一般冷却 30～60min)，待它与天平室温度相同时，称量；再次灼烧、冷却，再称量，直至恒重为止。注意在复称时应将砝码按前一次所得的称量值放好，然后再放上坩埚，以加速称量和减小称量误差。带沉淀的坩埚，也是连续两次称量误差在 0.3mg 以下才算达到了恒重。

3.8　固体的干燥

固体物质在进行定量分析之前必须使它完全干燥，否则会影响结果的准确性。

如果分离出来的沉淀要干燥，可把沉淀放在表面皿内，在恒温干燥箱中烘干。也可把沉淀放在表面皿或蒸发皿内，用水浴的水蒸气加热，以便把沉淀烤干。

已干燥但又易吸水或需长时间保持干燥的固体，应放在干燥器内。在干燥器内，底部装有干燥剂（常用的有无水氯化钙、硅胶或浓硫酸等），中部有一个可取出的、带有若干孔洞的圆形瓷板，以承接装有干燥固体的容器（图 3-35)。干燥器口上和盖子都带有磨口，磨口上涂有一层很薄的凡士林，这样可以使盖子盖得很严，以防止外界的水蒸气进入干燥器。

图 3-35　干燥器

图 3-36　打开干燥器

图 3-37　拿干燥器

操作时，以一只手轻轻扶住干燥器，另一只手沿水平方向移盖子，以便干燥器的盖子打开（图 3-36)。盖子打开后，要把它翻过来放稳在桌上（不要使涂有凡士林的磨口边触及桌面）。放入或取出物体后，需立即将盖子盖好，盖盖子时，两只手的手势和动作相反，也应把盖子沿水平方面推移，使盖子的磨边与干燥器口吻合，并使涂有凡士林的接触面成透明无丝纹为止。

搬动干燥器时，必须用两手的大拇指和食指将盖子和干燥器口边按住拿稳（图3-37），以防盖子滑动打碎。

温度很高的物体必须冷却至略高于室温后，方可放入干燥器内。否则，器内空气受热膨胀，可能使盖子冲开，即使能盖好，也往往因器内空气冷却后，使器内气压低于器外的空气压力，致使盖子很难打开。为避免上述情况发生，在将略高于室温的物体放入干燥器后，一定要在一段时间内，把干燥器的盖子开一开，以使干燥器内的气压和外界气压相平衡。

洗涤过的干燥器要吹干或风干，不可用加热或烘干的方法除去水气。

存放的干燥器常会打不开盖，多因磨口处的凡士林凝固或室温低所致，遇到这种情况可用热毛巾或暖风吹化开启，不要用硬物撬启，以免炸裂，伤害人体。

使用干燥器时应注意保持清洁，在物品取出或放入干燥器后，应立即将盖盖好。干燥剂失效后，要及时处理或更换。

3.9　密度计的使用

密度计是用来测定液体密度的仪器（图3-38）。一般密度计可分两类，用于测量液体密度大于 1g/mL 的密度计叫做重表；用于测量密度小于 1g/mL 的叫做轻表。

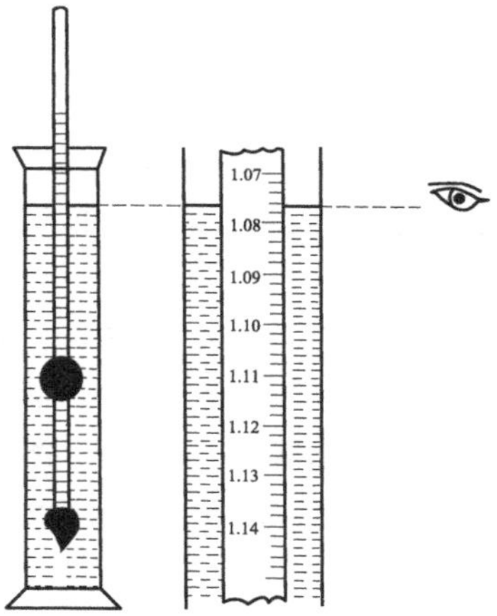

图 3-38　液体密度计的测定

测定密度时，在大量筒（要预先洗净，并用冷风吹干）中注入待测密度的液体，将洁净干燥的密度计慢慢地放入液体中，此时应用手拿住密度计，让其不与量筒接触。若加入待测液体还不能使密度计浮起，需继续加入液体直到密度计浮起、密度计完全稳定在液体中为止，方能放开手。读出液体的密度，读数时密度计不能与量筒接触，视线要与弯月面的最低点相切。

测量完毕后，用水将密度计冲洗干净，并用布擦干或滤纸吸干，放回密度计盒中。

一般密度计有两行刻度，其中一行是密度（ρ），另一行是波美度（°Bé），两者换算公式为：

重表　$\rho = \dfrac{145}{145 - °Bé}$ 或 $°Bé = 145 - \dfrac{145}{\rho}$

轻表　$\rho = \dfrac{145}{145 + °Bé}$ 或 $°Bé = \dfrac{145}{\rho} - 145$

比重是指在 20℃ 时的空气中，某物质与 4℃ 时同体积水的重量比值，常用符号 d_4^{20} 来表示。值得注意的是，我国已不使用（或推荐使用）比重和波美度这两个物理量。

3.10　移液管和吸量管、容量瓶、滴定管的使用

3.10.1　移液管和吸量管的使用

移液管和吸量管是用于准确地移取一定体积液体的量器（图3-39）。

移液管是一中间膨大（称为球部）的量器［图 3-39(a)］。球部以上的管颈上刻有一环形标线，球部处标示其容积（mL）和测量容积时的温度（℃）。常用的移液管有 5mL、10mL、20mL、25mL、50mL 和 100mL 等多种规格。它用于准确移取一定体积（如移取 5mL、10mL、20mL、25mL 等整数体积）的液体。当吸入溶液的弯月面下缘的最低点与标线相切（液面弯月面下缘最低点、标线和视线均应在同一水平面上）后，让溶液自然放出，此时所放的溶液的体积即等于管上标出的体积。在任溶液自然放出后，最后因毛细作用总有一小部分溶液留在下管口不能落下，这时不必用外力使之放出，因在标定移液管的容量时，就没有把这一点溶液计算在内，移液管可以计量到小数点后第二位（0.01mL）。

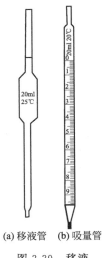

(a) 移液管　(b) 吸量管

图 3-39　移液管和吸量管

吸量管是一刻有分度的内径均匀的直形玻璃管［图 3-39(b)］，用以量取不同体积的液体。有一种吸量管的分度一直刻到管口，使用这种吸量管时，必须把所有溶液放出（有时包括下管口一点溶液），总体积才符合标示的数值。也有一种吸量管的分度只刻到距离管口尚差 1～2cm 处，使用这种吸量管时，当然只需将溶液放至液面落到最末的刻度时即可，不要吹出剩余溶液。用吸量管时，总是使液面由某一分度（通常为最高标线）落到另一分度，使两分度间的体积刚好等于所需体积，因此，很少把溶液直接放到吸量管底部的。

吸量管的分度，有的由上至下，也有的由下至上。在同一实验中尽可能使用同一吸量管的同一段，而且尽可能使用上面部分，不用末端收缩部分。吸量管的最小分度有 0.1mL、0.02mL 以及 0.01mL 等几种。

移液管和吸量管在使用前应依次用洗液、自来水、蒸馏水洗至管内外壁不挂水珠呈透明状态。洗涤方法：在通常情况下，先用试管毛刷蘸取肥皂液或洗衣液，刷洗移液管和吸量管的外壁，再用自来水将肥皂液冲洗净，让管的外壁上的水流尽后，用右手的拇指及中指拿住移液管或吸量管的上管颈标线以上部位，使管下端伸入洗液中（以管口不触及容器底部为度）。左手握住压扁的洗耳球，其出口与移液管或吸量管上管口相对紧靠一起（不可漏气），然后逐渐放松洗耳球，将洗液慢慢吸入至接近管口时，移开洗耳球，同时迅速用右手食指按住管口（食指要微潮，以免按不住管口），稍等片刻。放开右手食指，使移液管或吸量管管口离开液面，洗液放回原瓶中，洗液流尽后，取出，将管倒过来，使管上端未浸过的部分浸入洗液中，浸泡片刻后，取出液面，又让洗液放回原瓶中，待洗液流尽后，取出用自来水冲洗内外壁，直到洗净为止。如果移液管和吸量管被污染较严重，需要比较长时间浸泡在洗液中，应在一高标本缸或大量筒的内底上放一层玻璃丝，先加入洗液至缸或量筒刻度的 2/3 左右，将移液管和吸量管直立其中（慢慢放入到底才能松手），然后装满洗液，浸泡 15min 至数小时（浸泡时间依其污染程度决定，但不要在其中浸泡时间过长）后，取出，用自来水冲洗干净。用蒸馏水淌洗时，在烧杯中加入蒸馏水，将移液管或吸量管下端伸入蒸馏水中，用洗耳球将蒸馏水吸入（吸法同前），直到水已进入移液管球大约 1/5 处。吸量管则充满全部体积的 1/5 时，迅速用右手食指按住管口，取出后，把管横过来（防止水往两头流出），左右两手的大拇指及食指分别拿住移液管或吸量管上下两端，使管一边向上口倾斜，旋转而使水布满全管，然后直立，将水放出，重复淌洗 2～3 次即可。用蒸馏水洗净后，将管直立让蒸馏水从管下端口全部流出，还残留在管内和管下端外壁的蒸馏水，用滤纸吸干，将洗净的移液管或吸量管放在移液管架上。注意防止距管口 3～4cm 一段管颈接触到移液管架。

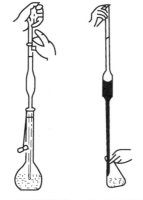

(a) 吸取液体　(b) 放出液体

图 3-40　移液管吸取液体和放出液体

用移液管或吸量管移取溶液前，要将用蒸馏水洗净过的移液管或吸量管用少量被移取的溶液淌洗 2～3 次，以免被移取溶液的浓度发生改变。淌洗方法和溶液用量与用蒸馏水淌洗方法基本一样。要注意的是，当移液管或吸量管伸入被移取的溶液中移取溶液时，管下端管颈不能伸入太多，以免管外壁沾有溶液太多，或带入杂质；也不应伸入太少，以免液面下降后吸空，或溶液吸入洗耳球中，一般要求管下端伸入液面约 2cm。当管尖伸入溶液中时，应迅速地用洗耳球缓缓地将溶液往上吸（溶液只准上吸，不准返回溶液中去）。同时，眼睛注视正在上升的液面位置 [如图 3-40(a)]，移液管或吸量管的下端随液面的下降而下降，以免吸空。每吸取一次后，应使管内外壁上的溶液流尽，把留在管口的少量溶液吹出，才能再次吸取溶液。使用移液管移取溶液时，左手握住压扁的洗耳球，右手拇指及中指拿住移液管管颈无刻度处，使管下端伸入溶液液面下约 2 cm，用洗耳球缓缓吸入溶液，吸法同前。当溶液上升到标线以上时（不要超出刻度太多），迅速用右手食指按住管口，右手三指拿住移液管并使其垂直，离开液面，使管微微转动，但食指仍然轻轻按住管口，这时液面缓缓下降，此时视线平视标线直到液面的弯月面下缘最低点与标线相切时，立即停止转动并按紧食指堵死管口，使溶液不再流出。取出移液管移入准备接受溶液的容器中，使其出口尖端接触容器内壁，让接受容器倾斜而使移液管直立，抬起食指，使溶液自然地顺壁留下 [图 3-40(b)]。待溶液全部流尽后，再等约 15 s，取出移液管。留住移液管下尖端管口内的一滴溶液不可吹下。此时所放出的溶液的体积即等于管上所标示的体积。

如果使用吸量管移取溶液，开始调节液面至最高刻度标线相切的操作与移液管相同，调好以后，放出溶液，至液面与所需的第二次读数的刻度标线相切时，停止转动并用食指用力按住管口。放溶液的方法也与移液管基本相同，只是食指一直要轻轻按住管口，以免溶液流下过快以至液面落到所需的分度标线时来不及按住。

在调节移液管和吸量管的液面时，也可以不用上述转动的方法，而是轻轻抬起食指（但不要完全离开），使液面缓缓下落至所需的刻度标线。另外，根据个人习惯，上述操作也可以右手握洗耳球，左手拿移液管。

移液管与吸量管用完后，应立即放在移液管架上，如短时间内不用它吸取同一溶液，应立即用自来水洗净，再用蒸馏水洗净，然后放在移液管架上。有时在管的两端套上玻璃管，以防灰尘侵入。

除了移液管和吸量管外，实验室也广泛使用定量移液器（俗称"移液枪"）。通常用移液枪移取 0～1mL（最小分度 1μL）的溶液。移液枪使用方便，但价格较高。

3.10.2　容量瓶的使用

容量瓶是一个细颈梨形的平底瓶。瓶塞带有磨口玻璃塞，细颈上刻有环形标线，瓶上标有容积（mL）和标定时的温度（一般为 20℃），如图 3-41(a) 所示。在指定的温度下（一般为 20℃）当液体充满到标线时，液体体积恰好与瓶上所标的体积相等。容量瓶有

10mL、25mL、50mL、100mL、250mL、1000mL、2000mL 几种规格，并有白、棕两色，棕色的用来配制见光易分解的溶液。

容量瓶不能加热，磨口瓶塞是配套的，不能相互调换。容量瓶用于配制标准溶液，也可用于浓标准溶液的稀释。

在使用容量瓶前，要选择好容量瓶：①与所要求配制的溶液体积一致；②瓶塞与磨口相符合，不漏水。

选好容量瓶后，首先仔细观察有无裂痕破损，然后进一步检查瓶口与瓶塞间是否漏水。检查瓶口与瓶塞间是否漏水，可在瓶口放入自来水到标线附近，将瓶塞塞好，左手拿住容量瓶瓶口并用食指按住塞子，右手指尖顶住瓶底边缘，倒立 2min 左右，观察瓶塞周围是否有水渗出，如果不漏，把瓶直立，转动瓶塞 180°后，再倒立过来试一次。这样做两次检查是必要的，因为有时瓶塞与瓶口不是在任何位置都是密合的。

容量瓶在使用前要充分洗涤干净，无论用什么方法洗涤，绝对不能用毛刷刷洗内壁。用洗涤液洗涤时，在容量瓶中倒入大约 10～20mL（注意瓶中应尽可能没有水），塞子蘸点洗液，塞好瓶塞，翻转瓶子（拿法同前），边转边向瓶口倾斜，至洗液布满全部内壁，放置数分钟，将洗涤液由瓶口慢慢倒回原来装洗涤液的瓶中，倒出时，应该边倒边旋转，使洗涤液在流经瓶颈时，布满全颈。待洗液流尽后，用自来水充分洗涤容量瓶的内壁和塞子，应遵守少量多次、每次充分振荡以及每次尽量流尽残余水的洗涤原则，向外倒水时，顺便冲洗瓶塞。用自来水洗后，再用蒸馏水洗三次（洗涤方法同前），可根据容量瓶大小决定蒸馏水的用量，一般每次蒸馏水的量约为容量瓶的 1/10。洗涤时，盖好瓶塞，充分振荡，洗完后立即将瓶塞塞好，以免灰尘落入或瓶塞污染。

(a) 容量瓶

(b) 溶液从烧杯转入容量瓶

(c) 容量瓶的拿法

图 3-41　容量瓶及其使用方法

用容量瓶配制溶液时，如果是由固体配制准确浓度的溶液（或称标准溶液），一般是将固体物质称在大小适当的干净烧杯中，往其中加入少量的蒸馏水或适当溶剂使之完全溶解。溶解过程不论放热或吸热，都需待溶液至室温时，才能定量地将溶液转入容量瓶中[图 3-41(b)]。转移时，要把溶液顺玻璃棒加入，玻璃棒下端要靠住瓶颈内壁，使溶液顺内壁流入瓶中。注意玻璃棒下端的位置最好在标线稍低一点的地方，不要高到接近瓶内，待溶液全部流尽后，将烧杯轻轻向上提 1cm 左右（烧杯口仍应紧靠玻璃棒），同时直立，使附着在玻璃棒与烧杯嘴之间的一滴溶液流入烧杯中或容量瓶中，然后先把玻璃棒放入烧杯中，才能把烧杯拿开放在桌上。用洗瓶挤水洗涤烧杯内壁和玻璃棒接触到溶液的部分3 次，每次用水应尽量少些为宜，每次洗涤的水溶液应无损地转入容量瓶中。然后慢慢加蒸馏水至接近标线稍低 1cm 左右，等 1～2min，使黏附在瓶颈内壁的水流下后，再用细长的滴管加蒸馏水恰至标线，这一过程称定容。用滴管加水时，视线要平视标线，然后将滴管伸入瓶颈使管口尽量接近液面，稍向旁倾斜，使水顺壁流下，注意液面上升，滴管应随时提起，勿使溶液接触滴管，直到弯月面下缘最低点与标线相切为止。定容以后，塞好瓶塞。左手拇指在前，中指、无名指及小指在后拿住瓶颈标线以上部分，右手拖住瓶底 [图 3-41(c)]。如果容积小于 100mL 的容量瓶，就不必用右手拖住容量瓶瓶底，以免由此造成的温度变化对小体积产生较大的影响。将容量瓶倒转，使气泡上升到顶，再充分振荡，如此反复 3～5 次，即可摇匀。

如果由浓的标准溶液稀释，则用移液管吸取一定体积的标准溶液，放入容量瓶中，然后加蒸馏水定容（操作方法同前），即生成稀的标准溶液。

不要在容量瓶中长期存放溶液。如果溶液准备使用较长时间，应将溶液转入试剂瓶中保存，试剂瓶应预先用该溶液淌洗 2～3 次。容量瓶用完后要及时洗净，检查瓶塞与瓶号相符时，在瓶塞与瓶口之间衬以纸条后保存。

3.10.3 滴定管的使用

滴定管有常量与微量的滴定管之分，常量滴定管又分为酸式滴定管 [图 3-42(a)] 和碱式滴定管 [图 3-42(b)] 两种。各有白色、棕色之分。酸式滴定管的下端有玻璃活塞开关，用于盛装酸性、氧化性（如 $KMnO_4$ 液等）以及盐类的稀溶液，不适用于装碱性溶液。因为碱性溶液会腐蚀玻璃，使活塞不能转动。碱式滴定管的下端连接一段橡胶管，管内中部转有一个比橡胶管管径稍大的玻璃珠作为开关以控制溶液流出，橡胶管下端接一尖嘴玻璃管，碱式滴定管用于盛装碱性溶液和无氧化性溶液。棕色滴定管用于盛装见光易分解的溶液。常量滴定管的容积有 20mL、25mL、50mL、100mL 四种规格，刻度精度为 0.1mL，估计度数 0.01mL。微量滴定管，容积有 1mL、2mL、3mL、5mL、10mL 五种规格，刻度精密因规格不同而异，一般可准确到 0.005mL 以下。滴定管主要用于容量分析，它能准确读取试液用量，操作比较方便。熟练掌握滴定管操作方法是容量分析的基本功之一。现将滴定管的使用方法叙述如下。

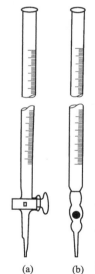

(a)　(b)

图 3-42　滴定管

（1）滴定管洗涤　在洗涤前，应检查酸式滴定管的玻璃活塞与塞槽是否符合，活塞转动是否灵活。碱式滴定管的橡胶管粗细、长度是否适当，橡胶管的内管径应稍小于玻璃珠的直径，玻璃珠应圆滑，橡胶管应该有弹性，否则难于紧固玻璃珠，操作时易上下移动而影响滴定。滴定管在使用前必须仔细洗涤，当没有明显污物时，可以直接用自来水冲洗，或用滴定管刷蘸肥皂水刷洗（应该注意滴定管刷的刷毛必须相当软，刷头的铁头不能露出，也不能向旁边弯曲，以免刷伤内壁），然后再用自来水洗去肥皂水。洗刷后的滴定管，应该将其直立，使水流尽，若滴定管的内壁透明并不附着液滴，表明已洗净。洗净过后，滴定管用蒸馏水淌洗三次，第一次用蒸馏水 10mL，第二次及第三次各用 5mL。每次加入蒸馏水后，边转边向管口倾斜使蒸馏水布满全管，并稍振荡，待 80% 左右的水从管口流出后，将管直立，使水从管尖流尽。

用肥皂水洗刷不干净时，可用洗液洗涤。用洗液洗涤酸式滴定管时，洗涤前活塞必须先关闭，倒入洗液 5～10mL，一手拿住滴定管上端无刻度部分，另一手拿住活塞上部无刻度部分边转边向管口倾斜，使洗液布满全管，立起后打开活塞使洗涤液从出口处放回原来洗液瓶中。在内壁相当脏时，需要洗液充满滴定管（包括活塞下部出口），浸数分钟以至数小时（根据滴定管沾污的程度）。如果用洗液洗碱式滴定管时，可以去掉其尖嘴把滴定管倒立浸在装有洗液约 100mL 的烧杯中或直立倒立浸在装有洗液约 100mL 的洗液瓶中，滴定管下端的橡胶管（现在向上）连接抽气泵，稍微打开抽气泵，把洗液吸上来，直到充满全管，用弹簧夹夹住橡胶管（不用抽气泵吸气，则可以改用洗耳球吸气）。如此放置数分钟至数小时（根据滴定管沾污的程度）后，打开弹簧夹，放出洗液，碱式滴定管下端尖嘴单独用洗液浸洗（注意，洗液应倒回原瓶中），取出滴定管先用自来水充分冲洗滴定管内外壁，以洗去洗液。为了使碱式滴定管下端橡胶管内玻璃珠充分洗净，从尖嘴放水时，用拇指与食指用力捏橡胶管及玻璃珠四周，并且随放随转，使残余的洗液全部冲洗下去。滴定管装满水再放出时，内壁全部为一层薄薄的水膜湿润而不挂水珠即可。这个标准应在用自来水冲洗时就达到。滴定管外壁亦应清洁。

在用自来水洗涤后，应检查滴定管是否漏水。检查酸式滴定管时，把玻璃活塞关闭，用水充满至"0"刻度线以上，直立约 2min，仔细观察有无水滴滴下，有无水由活塞隙缝渗出。然后将活塞转 180°，再如此直立 1～2min 后观察有无水滴滴下或从活塞隙缝渗出。如果检查碱式滴定管，只需装水直立 2min 即可。

如果发现漏水或酸式滴定管活塞转动不灵活时，把酸式滴定管取下活塞涂凡士林，碱式滴定管则需换玻璃珠或橡胶管。活塞涂凡士林时，把滴定管平放在桌面上，先取下活塞上的橡胶圈，再取下活塞（拿在手上、放在干净的表面皿或滤纸上均可），用滤纸把活塞、活塞套、活塞槽内的水吸干，用手指沾少量凡士林擦在活塞两头，沿活塞孔的两侧各涂一薄条 [图 3-43(a)]，但要避免涂得太多，尤其是在孔的近旁。凡士林层要均匀，要尽可能薄些。涂完以后将活塞直接插入塞套中（不要转着插），插活塞时孔应与滴定管孔平行。然后向一个方向转动活塞，直到从外面观察时全部都透明为止。如果发现旋转不灵活，或出现纹路，表示凡士林太多。遇到这些情况，都必须重新涂。除上述方法外，也可以只在活塞大头涂凡士林，另用木签或用玻璃棒涂少量凡士林在活塞套小口内部 [图 3-43(b)]，然后转动活塞，直到活塞处呈现透明为止，用小橡胶圈（由橡胶管剪下一小段）套在活塞小头的槽上或用橡胶圈将活塞系在管槽上。注意在套橡胶圈时，应该将滴定管放在桌上，一手顶住活塞大头，一手套橡胶圈或系橡胶圈，以免将活塞顶出。然后再用前面所介绍的方法检查是否漏水。

滴定管按前述方法用自来水和蒸馏水洗干净以后，还要用标准溶液洗涤两三次。用标准溶液淌洗时，第一次用 10mL，第二次及第三次各用 5mL。每次加入溶液后，也是边转边向管口倾斜使溶液布满全管，直立以后，将剩余的约 20% 标准溶液从管尖放出。在放出时一定尽可能完全放净，然后再洗第二次。淌洗可除去留在内壁及活塞处的蒸馏水，以免加入管内的标准溶液被留在管壁上的蒸馏水稀释。但要特别注意，在装入标准溶液之前应先将试剂瓶中的标准溶液摇匀，使凝结在试剂瓶内壁的水混入溶液中（这在天气比较热或室温变化较大时更有必要），混匀后，溶液应从试剂瓶中直接倒进滴定管，而不要经过其他器皿（如烧杯、漏斗、滴管等）。一定要注意，不要使溶液从试剂瓶移到滴定管的时候改变它的浓度。

（2）装标准溶液（或滴定用的溶液）　将标准溶液（或滴定用的溶液）装入滴定管时，

要预先将试剂瓶中的标准溶液摇匀，使凝结在瓶内壁上的水混入溶液，混匀。用左手三指拿住滴定管上部无刻度处（如果拿住有刻度的地方，会因管子受热膨胀而造成误差），滴定管可稍微倾斜以便接受溶液；小瓶可以手握瓶肚（标签向手心）拿起来慢慢倒入，大瓶则放在桌上，手拿瓶颈，使瓶慢慢倾斜。应使溶液慢慢顺内壁流入，直到溶液充满到 0 刻度以上为止，这时，滴定管的出口尖嘴内还没有充满溶液，为了使之完全充满，在使用酸式滴定管时，右手拿住滴定管上无刻度处，滴定管倾斜大约 10°～30°，左手迅速打开活塞使溶液流出，从而充满全部出口尖嘴部分。这时出口管不能留有气泡或未充满部分，如有这种情况发生，再迅速打开活塞使溶液冲出。如果这样的办法未能使溶液充满，就可能是由于出口管没有洗干净或涂凡士林沾染出口管。在使用碱式滴定管时，充满溶液后将滴定管用滴定管夹垂直地夹在铁架上，左手轻轻捏住玻璃珠附近的橡胶管，使橡胶管与玻璃珠间形成一条隙缝，使溶液冲出而充满出口管尖嘴部分。对光检查橡胶管管内及出口管内是否有未充满的地方或有气泡，如果有，则按下述方法赶出气泡：把橡胶管向上弯曲，出口倾斜向上。用左（或右）手挤压玻璃珠所在处，有溶液从出口管溢出，这时一边挤橡胶管，一边把橡胶管放直，一般说来，这种方法可以完全驱出气泡（图 3-44）。然后将溶液调整至"0"刻度即可使用。

(a) 涂活塞　　　(b) 涂活塞套小口内部

图 3-43　活塞涂凡士林

图 3-44　驱气方法

（3）滴定管度数　读取滴定管容积刻度的数值，称为读数。正确的读数是减少容量分析实验误差的重要措施。读数时应遵守下列规则：

① 常用滴定管的容量为 20mL。滴定管上端为"0"刻度，下端为"50"刻度，从 0 至 50 共分 50 个刻度，每一刻度为 1mL。每一刻度又分为 10 个分度，每一分度为 0.1mL。读数必须读取到小数后第二位，要求估计到 0.01mL。如 11.45mL、20.01mL、0.12mL 等。

② 装好溶液或放出溶液后，必须使附着在内壁上的溶液全部流下来以后，方可读数。当放出溶液速度相当慢时（例如滴定到靠近化学计量点，溶液每次只加 1 滴时），等 0.5～1min 方可读数。如果放出溶液速度比较快，或者是刚刚装入溶液时，必须等 1～2min 才能读数。

③ 对无色或浅色溶液应读液面的弯月面下缘的最低点 [图 3-45(a)]；溶液颜色太深、实在不能观察弯月面下缘时，可以读液面的弯月两侧最高点 [图 3-45(b)]。滴定开始前，滴定管内液面的弯月面下缘最低点或弯月面两侧的最高点所处的刻度称为初读数（初读数最好调至到"0"刻度处），滴定达到终点时，管内液面的弯月面下缘最低点或弯月面两侧最高点所处的刻度，称为终读数。初读数与终读数应同一标准。

④ 为了协助读数，可在滴定管后衬一读数卡。读数卡可用一张黑纸或涂有一黑长方形（约 3cm×1.5cm）的纸卡。读数时，手持读数卡放在滴定刻度的背面，使黑色部分在

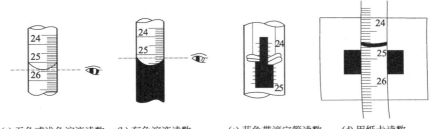

(a) 无色或浅色溶液读数　(b) 有色溶液读数　(c) 蓝色带滴定管读数　(d) 用纸卡读数

图 3-45　滴定管的读数方法

弯月面下约 1mm 左右，即看到弯月面反射成为黑色 [图 3-45(d)]，读取黑色弯月面下缘的最低点。溶液颜色深而须读两侧最高点，就可以用白纸卡作为读数卡。若为全刻度滴定管，则以每周刻度线弯月面形成的水平为准，无需使用纸卡。若为蓝带滴定管读数 [图 3-45(c)] 时，对无色溶液读两个弯月面相交于蓝线上的一点为准；对于有色溶液读两个弯月面两侧最高点。

⑤ 读取的读数立刻记录在实验记录本上。

（4）滴定

在滴定前，把装好标准溶液（或滴定用的溶液）的滴定管夹在滴定管夹上，酸式滴定管的活塞柄向右手一边。保持滴定管垂直 1min 后，把滴定管内液面的弯月面下缘的最低点（对无色溶液或浅色溶液）或液面弯月面两侧最高点（颜色深的溶液）调至"0"刻度。方法是：把溶液加入滴定管中至"0"刻度以上（不需超过刻度太多），从滴定管夹上取下滴定管，用右手拇指、食指和中指拿住滴定管上方没有溶液处，保持滴定管垂直，然后用左手开启玻璃活塞或挤压玻璃珠处的橡胶管，让多余的溶液慢慢滴出，使管内液面弯月面下缘最低点落至刻度"0"，稍等 1~2min，待残留在刻度"0"以上的溶液完全流出，此时液面会略微上升，再调至"0"刻度。当管内确定调至"0.00"刻度时，关闭活塞或停止挤压玻璃珠，在滴定管出口处不应悬挂液滴，否则可用玻璃棒或烧杯内壁（必须干燥）与出口处接触后除去。读下初读数并记录在实验笔记本上，然后才能开始滴定。滴定时，先用移液管或吸量管吸取一定体积的被滴定的溶液放入锥形瓶或烧杯内，并加入适当指示剂，然后将滴定管伸入锥形瓶或烧杯内（不要伸入太深），左手三指从滴定管活塞后方向右手伸出，拇指在前与食指操纵活塞（图 3-46）滴定。如果在烧杯内滴定，则右手持玻璃棒不断轻轻搅拌溶液；如果在锥形瓶内滴定，则右手持锥形瓶颈边滴定边摇动（图 3-46）。

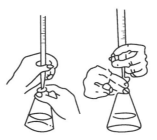

(a) 碱式滴定管的操作　　　(b) 酸式滴定管的操作

图 3-46　滴定管操作方法

为了便于观察锥形瓶内或烧杯内的颜色，在滴定台上衬上白纸或白磁板。滴定开始时，一般情况下以每秒 3～4 滴的滴定速度进行滴定，不要全开活塞快速放液。接近化学计量点（实际上是终点）时，滴定速度放慢，一滴一滴地滴定，以至半滴或 1/4 滴地进行滴定，在快到化学计量点时，应该用洗瓶把溅在锥形瓶或烧杯内壁上的溶液洗下去（所用的蒸馏水尽可能少些，以免引起误差），继续滴定至溶液刚刚变色，即达到滴定终点，此时应立即停止滴定。滴定完毕，稍等 0.5～1min 后，读取终读数，并记录在实验笔记本上。在进行第二次、第三次滴定。根据个人习惯不同，上述操作可以左右手互换。

微量滴定管用于精密的滴定，操作方法与常量滴定管相同。

基础实验

实验 4.1　仪器的认领、洗涤和干燥

一、实验目的

(1) 领取无机及分析化学实验常用仪器，熟悉其名称、规格，了解使用注意事项。

(2) 学习并掌握常用仪器的洗涤和干燥方法。

二、预习

常用玻璃仪器及器皿，玻璃仪器的洗涤和干燥。

三、实验用品

(1) 仪器　烘箱、全套实验仪器（见仪器清单）。

(2) 材料　去污粉、铬酸洗液、合成洗涤剂。

四、实验内容

(1) 认领仪器　按仪器清单逐个清点和认识无机及分析化学实验中常用玻璃仪器。

(2) 玻璃仪器的洗涤　将仪器清洗干净后合理存放于实验柜中，并抽取两件交教师检查。

实验 4.2　称量练习

一、实验目的

(1) 了解天平的构造，学会正确使用电子天平称量。

(2) 初步掌握递减称量法（减量法）的称样方法及注意事项。

(3) 学会使用称量瓶。

(4) 了解在称量中如何运用有效数字。

二、实验原理

(1) 称量方法　采用减量法。

(2) 天平工作原理　杠杆原理（参见"分析天平的使用方法"）。

三、仪器与试剂

电子天平（0.1mg）、50mL 烧杯、称量瓶、试剂（因初次称量，宜采用不易吸潮的试样，如 $CuSO_4 \cdot 5H_2O$）。

四、实验步骤

1. 了解电子天平的主要组成部件及其作用

参见"电子天平的使用方法"。

2. 天平称量前的准备工作

（1）取下天平罩，叠好放在恰当的地方。

（2）观察天平是否正常，例如天平门是否关好。

（3）检查天平是否水平。

（4）用毛刷刷净两个天平盘。

3. 天平称量练习

（1）直接称量法　将天平调零后，用纸条或手套取一个干净干燥的 50mL 小烧杯，轻轻放入天平中央，等读数稳定后在记录本上记录显示屏上的数据（m_0）。

（2）减量法称量　本实验要求用减量法从称量瓶中准确称出 0.4～0.6g $CuSO_4$ · $5H_2O$（准确到小数点后第四位）。

用纸条从干燥器中取出已装入试样的称量瓶，轻轻放入天平中央，等读数稳定后按"TAR"键清零。

用纸条取出称量瓶，用纸片夹住瓶盖柄，在烧杯的正上方打开瓶盖并倾斜瓶身，用瓶盖轻击瓶口上方使试样缓缓落入小烧杯中。倾样时，由于初次称量，缺乏经验，根据此质量估计不足的量（为倾出量的几倍），继续倾出此量，例如要求称量 0.4～0.6g 试样，若第一次倾出的量为 0.20g（不必称准至小数点后第四位，为什么?），则第二次应倾出相当于或加倍于第一次倾出的量，其总量在需要的范围内。当估计试样接近所需量时，继续用瓶盖轻击瓶口上方，同时将瓶身缓缓竖直，盖好瓶盖。将称量瓶放入天平，此时天平显示负值，其绝对值为倾入小烧杯中的 $CuSO_4$ · $5H_2O$ 质量（m_1），并记录在记录本上。如放出质量多于所需量较多时，则需要重新称，已取出试样不能收回，必须弃去。

天平调零后，将小烧杯连同第一份样品放入天平中，称其质量（m_2）。

结果的检验：从称量瓶中倒出的试样 m_1 与 $m_2 - m_0$ 之差的绝对值是否少于 0.2mg，即

$$|m_1 - (m_2 - m_0)| \leqslant 0.0002g（即 0.2mg）$$

第一组试样称好后，重复上述方法称出第二组、第三组试样的质量，分别记入相应表格中，并按上述方法对结果进行检验。

4. 天平复位

称量结束后，按"OFF"键关闭天平，将天平复位，依序为：关闭天平→取出物体→毛刷刷净天平→关天平门→罩好天平布罩→整理好台面→在天平使用记录本上签字→凳子放回操作台下。

五、实验数据记录及数据处理

记录项目	Ⅰ	Ⅱ	Ⅲ
烧杯质量 m_0/g			
倾出试样质量 m_1/g			
小烧杯＋倾出试样质量 m_2/g			
绝对差值 $\|m_1 - (m_2 - m_0)\|$/g			

六、注意事项

（1）电子天平是称量样品的精密仪器，必须严格按照"电子天平的使用方法"中规定

的操作步骤进行称量练习，以免损坏仪器，称量之前，均要检查天平零点。

（2）称量瓶除放在干燥器内和天平盘上外，须放在洁净的纸上，不得随意乱放，以免沾污。

（3）用减量法称量时，最好在一两次内能倾倒出所需的量，以减少试样的损失和吸湿。

（4）减量法称量时，如果样品倾倒过量，必须重新称量。

（5）原始记录必须记在实验报告纸上或实验预习报告本上。

七、思考题

（1）为什么在称量开始时，先要调整天平的零点？天平的零点宜在什么位置？如果偏离太大，应该怎样调节？

（2）为什么称量时不能用手直接接触被称量物品？

（3）在称量的记录和计算中，如何正确运用有效数字？

实验 4.3 酸碱溶液的配制和比较滴定

一、实验目的

（1）学习酸（碱）式滴定管、移液管和容量瓶等容量器皿的使用。

（2）掌握酸碱滴定原理。

（3）学习粗略配制酸碱标准溶液的方法。

（4）掌握滴定操作技术，学会正确判断酸碱滴定终点。

二、实验原理

$0.1 mol \cdot L^{-1}$ NaOH 和 $0.1 mol \cdot L^{-1}$ HCl 相互滴定，滴定反应方程式为：

$$HCl + NaOH \longrightarrow NaCl + H_2O$$

在化学计量点时溶液 pH＝7.0，滴定的 pH 突跃范围为 4.30～9.70，因此可选用甲基橙、甲基红、酚酞等多种指示剂指示滴定终点。用 NaOH 滴定 HCl 时用酚酞作指示剂，HCl 滴定 NaOH 时用甲基橙作指示剂，可使滴定终点的变色较为明显。酸碱比较滴定结果以体积比 $V(NaOH)/V(HCl)$ 表示。

三、仪器与试剂

（1）仪器 50mL 酸式和碱式滴定管、洗瓶、烧杯、托盘天平、10mL 公用量筒、500mL 酸（碱）试剂瓶、250mL 锥形瓶。

（2）试剂 浓 HCl（相对密度 1.19）、NaOH(s, C.P.)、甲基橙指示剂、酚酞指示剂、蒸馏水、标签纸。

四、实验步骤

1. 粗略配制 $0.1 mol \cdot L^{-1}$ 的 HCl 和 NaOH 溶液各 500mL

HCl 容易挥发，NaOH 容易吸收空气中水分和 CO_2，都不能直接配制标准溶液，通常先配成近似浓度的溶液，再用基准物质标定它们的准确浓度。配制方法如下。

（1）$0.1 mol \cdot L^{-1}$ HCl 溶液的配制 通过计算求出配制 500mL$0.1 mol \cdot L^{-1}$ HCl 溶液所需浓 HCl（相对密度 1.19，约 $12 mol \cdot L^{-1}$）的体积。洗净带塞的试剂瓶，加入约 100mL 蒸馏水，然后用小量筒量取所需的浓 HCl 体积，加入摇动，并稀释成 500mL，充分摇匀后，贴上标签。

（2）$0.1 mol \cdot L^{-1}$ NaOH 溶液的配制 通过计算求出配制 500mL $0.1 mol \cdot L^{-1}$

NaOH 溶液所需的固体 NaOH 的量，在托盘天平上用纸片或小烧杯迅速称出此量，置于烧杯中，立即用约 50mL 水溶解，溶液全部转移入具橡胶塞的试剂瓶中，并稀释至 500mL，充分摇匀，贴上标签。在要求严格的情况下，应使用不含 CO_2 的水。

2. 滴定管的准备和正确操作练习

参照"滴定管的使用"。

（1）按分析化学要求洗涤酸式和碱式滴定管，直到内壁不挂水滴。

（2）练习并掌握酸式滴定管活塞涂凡士林的方法和两种滴定管尖嘴部分气泡消除方法。

（3）反复练习并基本掌握两种滴定管的滴定操作以及控制液滴大小和速度的方法。

（4）练习并掌握滴定管的正确读数方法。

3. 滴定练习

（1）HCl 溶液滴定 NaOH 溶液，以甲基橙作指示剂。

① 按照定量分析方法的要求准备好酸式、碱式滴定管各一支及 250mL 锥形瓶三只。

② 分别将酸、碱标准溶液装入酸、碱滴定管 "0.00" 刻度以上，并调整液面至 "0.00" 刻度线附近，准确记录初读数（准确到 0.01mL）。

③ 从碱式滴定管放出约 20mL NaOH 溶液于 250mL 锥形瓶中，放出的速度约为 10mL/min，加入 1～2 滴甲基橙指示剂，用 HCl 标准溶液滴定至终点，颜色由黄色变为橙色为止。如滴定过头，可以用 NaOH 回滴。

④ 读取并记录 HCl 溶液和 NaOH 溶液的终读数。

⑤ 重复以上滴定操作，平行滴定 3 次以上（每次滴定都必须将酸式、碱式滴定管内溶液重新加至 "0.00" 刻度线附近）。

⑥ 分别求出体积比 $V(NaOH)/V(HCl)$，直至 3 次测定结果的相对平均偏差在 0.2% 之内，取其平均值。

（2）NaOH 溶液滴定 HCl 溶液。用酚酞作指示剂。终点由无色变微红色（30s 内不褪色）。具体操作同 HCl 溶液滴定 NaOH 溶液。

五、实验数据记录及数据处理

（1）HCl 溶液滴定 NaOH 溶液，以甲基橙作指示剂。

记录项目 ＼ 次数	Ⅰ	Ⅱ	Ⅲ
$V(NaOH)$终读数/mL			
$V(NaOH)$初读数/mL			
$V(NaOH)$/mL			
$V(HCl)$终读数/mL			
$V(HCl)$初读数/mL			
$V(HCl)$/mL			
$V(NaOH)/V(HCl)$			
$V(NaOH)/V(HCl)$*			
个别测定值的绝对偏差			
平均偏差			
相对平均偏差/%			

注：$V(NaOH)/V(HCl)$* 为体积比的平均值，后同。

（2）NaOH 溶液滴定 HCl 溶液，以酚酞作指示剂。

记录项目 次数	Ⅰ	Ⅱ	Ⅲ
$V(HCl)$终读数/mL			
$V(HCl)$初读数/mL			
$V(HCl)$/mL			
$V(NaOH)$终读数/mL			
$V(NaOH)$初读数/mL			
$V(NaOH)$/mL			
$V(NaOH)/V(HCl)$			
$V(NaOH)/V(HCl)$*			
个别测定值的绝对偏差			
平均偏差			
相对平均偏差/%			

六、注意事项

（1）强酸强碱在使用时要注意安全，倒 HCl、NaOH 等试剂时，手心要握住试剂瓶上标签部位，以保护标签。

（2）溶液在使用前必须充分摇匀，否则内部不匀，会使每次取出的溶液浓度不同，影响分析结果。

（3）固体 NaOH 极易吸收空气中的 CO_2 和水分，因此称量时必须迅速。

（4）装 NaOH 溶液的瓶子要用橡胶塞或塑料塞，不可用玻璃塞，否则易被腐蚀而粘住。

（5）标准溶液在转移过程中（倒入滴定管或用移液管吸取），中间不得再经过其他容器。

（6）指示剂加入量要适当，否则会影响终点观察。

七、思考题

（1）本实验在配制酸碱标准溶液时，试剂只用量筒量取或托盘天平称取，为什么？稀释所用蒸馏水是否需准确量取？

（2）为什么在标准溶液装入洗净的滴定管前要用该溶液淌洗 3 次？滴定用的锥形瓶是否也要同样处理？

（3）滴定完一份试液后，若滴定管中还有足够的标准溶液，是否可以继续滴定下去，不必添加到"0.00"附近再滴定下一份？

（4）滴定时加入指示剂的量为什么不能太多？试根据指示剂平衡移动的原理说明。

（5）为什么用盐酸滴定氢氧化钠时采用甲基橙为指示剂，而相反的滴定要采用酚酞为指示剂？

实验 4.4   粗食盐的提纯

一、实验目的

（1）熟悉粗食盐的提纯过程和基本原理。

（2）学习溶解、沉淀、减压过滤、蒸发浓缩、结晶和烘干等基本操作。

（3）了解 SO_4^{2-}、Ca^{2+}、Mg^{2+} 等离子的定性鉴定。

二、实验原理

化学试剂或医药用的 NaCl 都是以粗食盐为原料提纯的。粗食盐中含有 SO_4^{2-}、Ca^{2+}、Mg^{2+}、K^+ 等可溶性杂质和泥沙等不溶杂质。选择适当的试剂可使 SO_4^{2-}、Ca^{2+}、Mg^{2+} 等离子生成沉淀而除去。一般是先在食盐溶液中加入 $BaCl_2$ 溶液，除去 SO_4^{2-}。

$$Ba^{2+} + SO_4^{2-} \longrightarrow BaSO_4(s)\downarrow$$

然后在溶液中加入 Na_2CO_3 溶液，除去 Ca^{2+}、Mg^{2+} 和过量的 Ba^{2+}

$$Ca^{2+} + CO_3^{2-} \longrightarrow CaCO_3(s)\downarrow$$

$$4Mg^{2+} + 5CO_3^{2-} + 2H_2O \longrightarrow Mg(OH)_2\downarrow + 3MgCO_3(s)\downarrow + 2HCO_3^-$$

$$Ba^{2+} + CO_3^{2-} \longrightarrow BaCO_3(s)\downarrow$$

过量的 Na_2CO_3 溶液中用盐酸中和。粗食盐中的 K^+ 与这些沉淀剂不起作用，仍留在溶液中。由于 KCl 的溶解度比 NaCl 大，而且在粗食盐中的含量较少，所以在蒸发浓缩食盐溶液的过程中，NaCl 结晶出来，KCl 仍留在母液中。

三、仪器与试剂

（1）仪器　烧杯、量筒、蒸发皿、长颈漏斗、玻璃棒、酒精灯（或电炉）、漏斗架、布氏漏斗、吸滤瓶、试管。

（2）试剂　$2mol \cdot L^{-1}$ HCl、$1mol \cdot L^{-1}$ HAc、$2mol \cdot L^{-1}$ NaOH、$1mol \cdot L^{-1}$ $BaCl_2$、$1mol \cdot L^{-1}$ Na_2CO_3、Na_2CO_3（饱和）、$(NH_4)_2C_2O_4$（饱和）、镁试剂 I（0.001g 对硝基苯偶氮间苯二酚溶于 100mL $1mol \cdot L^{-1}$ NaOH 溶液中）、pH 试纸、粗食盐、蒸馏水。

四、实验步骤

1. 溶解粗食盐

称取 5.0g 粗食盐于 100mL 烧杯中，加 25mL 蒸馏水，加热搅拌使粗食盐溶解（不溶性杂质沉于底部）。

2. 除去 SO_4^{2-}

加热溶液至沸腾，边搅拌边逐滴加入 $1mol \cdot L^{-1}$ $BaCl_2$ 溶液约 2mL。继续加热5min，使沉淀颗粒长大而易沉降。

3. 检查 SO_4^{2-} 是否除尽

将烧杯从石棉网上取下，待沉淀沉降后，在上层清液中加 1~2 滴 $1mol \cdot L^{-1}$ $BaCl_2$ 溶液，如果出现浑浊，表示 SO_4^{2-} 尚未除尽，需继续加入 $BaCl_2$ 溶液以除去剩余的 SO_4^{2-}。如果不浑浊，表示 SO_4^{2-} 已除尽。过滤，除去沉淀。

4. 除去 Mg^{2+}、Ca^{2+}、Ba^{2+} 等阳离子

将所得的滤液加热至沸腾。边搅拌边滴加 $1mol \cdot L^{-1}$ Na_2CO_3 溶液，直至不再产生沉淀为止。再多加 0.5mL Na_2CO_3 溶液，静置。

5. 检查 Ba^{2+} 是否除尽

在上层清液中，加几滴饱和 Na_2CO_3 溶液，如果出现浑浊，表示 Ba^{2+} 未除尽，需在原溶液中继续加 Na_2CO_3 溶液直至除尽为止。过滤，除去沉淀，保留滤液。

6. 除去过量的 CO_3^{2-}

在滤液中逐滴加 2mol·L^{-1} HCl，加热搅拌，中和到溶液的 pH 约为 2～3（用 pH 试纸检查）。

7. 浓缩与结晶

把滤液倒入蒸发皿中，小火加热，溶液蒸发浓缩到有大量 NaCl 结晶出现（约为原来体积的 1/4）。冷却，抽滤。然后用少量蒸馏水洗涤晶体，抽干。

将氯化钠晶体转移到事先称量好的表面皿中，放入烘箱内烘干。冷却后称量，计算产率。

$$产率 = \frac{精盐质量(g)}{5.0} \times 100\%$$

8. 产品纯度的检测

取产品和原料各 1g，分别溶于 5mL 蒸馏水中，然后进行下列离子的定性检验。

（1）SO_4^{2-}　各取 1mL 于 10mL 试管中，分别加入 2 滴 2mol·L^{-1} HCl 溶液和 2 滴 1mol·L^{-1} BaCl$_2$ 溶液。比较两溶液中沉淀产生的情况。

（2）Ca^{2+}　各取溶液 1mL 于 10mL 试管中，加入 4 滴 1mol·L^{-1} HAc 使呈酸性，再分别加入 3～4 滴饱和 $(NH_4)_2C_2O_4$ 溶液，若有白色 CaC_2O_4 沉淀产生，表示有 Ca^{2+} 存在（该反应可作为 Ca^{2+} 的定性鉴定）。比较两溶液中沉淀产生的情况。

（3）Mg^{2+}　各取溶液 1mL 于 10mL 试管中，加 5 滴 2mol·L^{-1} NaOH 溶液和 2 滴镁试剂Ⅰ，若有天蓝色沉淀产生，表示有 Mg^{2+} 存在（该反应可作为 Mg^{2+} 的定性鉴定）。比较两溶液中沉淀产生的情况。

五、注意事项

（1）蒸发过程要用玻璃棒不断搅拌，防止溶液暴沸或飞溅。

（2）在加热至有较多晶体析出时，停止加热。

（3）热的蒸发皿要放在石棉网上冷却，以免烫坏实验台，取用它要用坩埚钳。

六、思考题

（1）在除去 Ca^{2+}、Mg^{2+}、SO_4^{2-} 时，为什么要先加入 BaCl$_2$ 溶液，然后再加入 Na$_2$CO$_3$ 溶液？

（2）为什么用 BaCl$_2$（毒性很大）而不用 CaCl$_2$ 除去 SO_4^{2-}？

（3）在除去 Ca^{2+}、Mg^{2+}、Ba^{2+} 等离子时，能否用其他可溶性碳酸盐代替 Na$_2$CO$_3$？

（4）在用 HCl 除去 CO_3^{2-} 时，为什么要把溶液的 pH 调到 2～3？调至恰为中性好不好？（提示：从溶液中 H_2CO_3、HCO_3^- 和 CO_3^{2-} 浓度的比值与 pH 的关系去考虑。）

实验 4.5　容量器皿的校正

一、实验目的

（1）学会滴定管、移液管和容量瓶的使用方法。

（2）了解容量器皿校准的意义，学习容量器皿的校准方法。

（3）进一步熟悉天平的称量操作，了解相对误差的概念。

滴定管、移液管和容量瓶等容量器皿的标示容量（即量器上所示的量值）都是在 20℃时标定的，但实际使用时的温度不一定是 20℃。由于温度对玻璃和液体的体积的影响，导致量器的实际容量与标示容量之间可能有一定的误差。合格的产品，其误差应在规定的允许范围内。为了消除由于不合格容器对测定结果的影响，在准确度要求较高的容量分析中，应对自己使用的一套容量器皿进行校正。校正的方法有相对校正法和称量法。

校正量器常采用称量法（绝对校正法），即称量一定体积纯水的质量 m，查得该温度下纯水的密度 ρ，根据公式 $V = m/\rho$ 将水的质量换算成水的体积。不同温度下纯水的密度可由表 4-1 查得。考虑到实验时的条件，将称出的纯水质量换算成体积时，必须考虑以下三方面的因素。

（1）水的相对密度（ρ）随温度的变化而变化。

（2）空气浮力对纯水质量（m）的影响。

（3）温度对玻璃仪器热胀冷缩的影响。

表 4-1　在不同温度下的 1L 纯水的质量（空气中用黄铜砝码称量）

$t/℃$	m/g	$t/℃$	m/g	$t/℃$	m/g
0	998.24	14	998.04	28	995.44
1	998.32	15	997.93	29	995.18
2	998.39	16	997.80	30	994.91
3	998.44	17	997.66	31	994.68
4	998.48	18	997.51	32	994.34
5	998.50	19	997.35	33	994.05
6	998.51	20	997.18	34	993.75
7	998.50	21	997.00	35	993.44
8	998.48	22	996.80	36	993.12
9	998.44	23	996.60	37	992.80
10	998.39	24	996.38	38	992.46
11	998.32	25	996.17	39	992.12
12	998.23	26	995.93	40	991.77
13	998.14	27	995.69		

若实际工作中只需知道容量器皿间的相互关系，则可采用相对校正法，如容量瓶与移液管之间，常用相对校正法。

二、仪器与试剂

（1）仪器　电子天平、50mL 酸式滴定管、100mL 容量瓶、25mL 移液管、50mL 具塞锥形瓶、洗耳球。

（2）试剂　蒸馏水。

三、实验步骤

1. **移液管的校正**

取一洁净的 50mL 具塞锥形瓶，擦干外壁，在电子天平上准确称量（至 0.1mg）。用已洗净待校正的 25mL 移液管移取 25mL 蒸馏水于锥形瓶中，塞上瓶塞，再次称重。两次质量之差即为水的质量（$m_水$）。重复操作一次，两次放出的纯水的质量之差应小于 0.01g。

2. **容量瓶和移液管的相对校正**

准备一只洁净并已晾干的 100mL 容量瓶，用 25mL 移液管移取蒸馏水至瓶中，再重复操作 3 次。检查液面最低点与容量瓶标线的上边缘是否相切。若不相切，应用透明胶带重新作一标记，该标记即作为以后此移液管和容量瓶配套使用时的标线。上述校正操作按移液管操作要求进行。必要时可重复校正一次。

3. 容量瓶的校正

将 100mL 容量瓶洗净，在电子天平称准至 0.01g。取下容量瓶，注入纯水至标线，使液体的凹面与标线的上边缘水平相切，盖上瓶塞再放到电子天平上称准至 0.01g。两次称得质量之差即为该容量瓶所容纳纯水的质量。插入温度计测量水温，计算该容量瓶的实验容量。

4. 滴定管的校正

将具塞的 50mL 锥形瓶洗净并擦干外部，在电子天平上称出其质量，准确记录至小数点后两位。将待校正的酸式滴定管洗净，装满纯水，液面调至 0.00 刻度或略下处，记下准确读数，按正确操作，以每分钟不超过 10mL 的速度放出约 10mL 的水（不必恰等于 10.00mL，为什么？）于上述已称重过的锥形瓶中，盖上瓶塞，在分析天平上进行"瓶加水"的称量（准确到 0.01g），记录数据。两次的质量差即为放出水的质量。

用同样方法称量滴定管从 10～20mL，20～30mL，…，刻度间放出水的质量。以此实验温度下 1mL 水的质量来除每次所得水的质量，即得滴定管各部分的实际容积。现将 25℃时校正某一滴定管的实验数据列出（见表 4-2），供参考。

表 4-2　滴定管的校正实例

水的温度＝25℃　　　　　　　　　　　　　　　　　　　　　　1mL 水的质量＝0.9962g

滴定管读数/mL	m(瓶＋水)/g	读出的总容积/mL	总水质量/g	总实际容积/mL	总校准容积/mL
0.03	29.20(空瓶)				
10.13	39.28	10.10	10.08	10.12	＋0.02
20.10	49.19	20.07	19.99	20.07	0.00
30.17	59.27	30.14	30.07	30.18	＋0.04
40.20	69.24	40.17	40.04	40.19	＋0.02
49.99	79.07	49.96	49.87	50.06	＋0.10

四、实验数据记录及数据处理

按参考表的形式作记录（见表 4-3），并进行计算处理（记录表格在实验预习时就准备好）。根据实验数据，以滴定管读数为横坐标，总校准容积为纵坐标，在坐标纸上作出此滴定管的校准曲线。

表 4-3　滴定管的校正数据

水的温度＝25℃　　　　　　　　　　　　　　　　　　　　　　1mL 水的质量＝0.9962g

滴定管读数/mL	m(瓶＋水)/g	读出的总容积/mL	总水质量/g	总实际容积/mL	总校准容积/mL

五、注意事项

（1）校正容量仪器时，必须严格遵守它们的使用规则。

（2）称量时，具塞锥形瓶不得用手直接拿取。

六、思考题

（1）具塞 50mL 小锥形瓶外部为什么要擦干？内部是否也要擦干？为什么要具塞？

（2）将水从滴定管放入锥形瓶中时，应注意哪些操作？影响容量器皿校正的主要因素有哪些？

（3）使用移液管的操作要领是什么？为何要垂直流下液体？为何放完液体后要停一定时间？最后留在移液管尖部的液体应如何处理？为什么？

实验 4.6 解离平衡和缓冲溶液

一、实验目的

（1）通过实验进一步掌握弱电解质的解离平衡及其移动。

（2）学习缓冲溶液的配制及其 pH 的测定，了解缓冲溶液的缓冲性能。

（3）了解缓冲量与缓冲浓度和缓冲组分比值的关系。

二、实验原理

1. 弱电解质在溶液中的解离平衡及移动

若 AB 为弱电解质，则在水溶液中存在下列解离平衡：

$$AB \rightleftharpoons A^+ + B^-$$

达到平衡时，未解离的分子浓度和已解离成离子的浓度的关系为：

$$\frac{c(A)/c^\ominus \cdot c(B)/c^\ominus}{c(AB)/c^\ominus} = K_d^\ominus$$

在此平衡系统中，若加入含有相同离子的强电解质，即增加 A^+ 或 B^- 的浓度，平衡会向生成 AB 分子方向移动，从而降低弱电解质 AB 的解离度，这种现象叫做同离子效应。

2. 缓冲溶液

弱酸及其盐（如 HAc 和 NaAc）、弱碱及其盐（如 $NH_3 \cdot H_2O$ 和 NH_4Cl）或多元的酸式盐及其对应的次元级盐（如 NaH_2PO_4 和 Na_2HPO_4）的混合溶液，在一定程度上有缓冲作用，即当另外加入少量酸、碱或适当稀释时，此种混合溶液 pH 变化不大，这种溶液叫做缓冲溶液。

三、仪器与试剂

（1）仪器　试管、试管架、量筒、烧杯、表面皿、玻璃棒。

（2）试剂　广泛 pH 试纸、精密 pH 试纸、$NH_4Cl(s)$、$NaAc(s)$、酚酞（0.1% 的 90% 乙醇溶液）、0.05% 甲基橙的水溶液、$0.1mol \cdot L^{-1}$ HCl、$0.01mol \cdot L^{-1}$ HCl、$1mol \cdot L^{-1}$ HAc、$0.1mol \cdot L^{-1}$ HAc、$0.1mol \cdot L^{-1}$ $MgCl_2$、$2mol \cdot L^{-1}$ $NH_3 \cdot H_2O$、$0.1mol \cdot L^{-1}$ $NH_3 \cdot H_2O$、NH_4Cl(饱和)、$0.1mol \cdot L^{-1}$ NH_4Cl、$0.1mol \cdot L^{-1}$ NaOH、$0.01mol \cdot L^{-1}$ NaOH、$0.1mol \cdot L^{-1}$ Na_2HPO_4、$0.1mol \cdot L^{-1}$ NaH_2PO_4、$1mol \cdot L^{-1}$ $NaHCO_3$、$1mol \cdot L^{-1}$ NaAc、$0.1mol \cdot L^{-1}$ NaAc。

四、实验步骤

1. 同离子效应

（1）往试管中加入 2mL $0.1mol \cdot L^{-1}$ $NH_3 \cdot H_2O$ 溶液，再滴 1 滴酚酞溶液，观察溶液呈什么颜色？将此溶液分盛于两支试管中，往一支试管中加入一小勺 NH_4Cl 固体，摇荡使之溶解，观察溶液的颜色，并与另一支试管中溶液颜色相对比。

（2）往试管中加入 2mL $0.1mol \cdot L^{-1}$ HAc 溶液，再滴入 1 滴甲基橙，混合均匀，溶液呈什么颜色？将此溶液分盛于两支试管中，往一支试管中加入一小勺 NaAc 固体，摇荡使之溶解，观察溶液的颜色，并与另一支试管中溶液颜色相对比。

（3）取两支试管，各加入 5 滴 $0.1mol \cdot L^{-1}$ $MgCl_2$ 溶液，在其中一支试管中加入 5 滴饱和 NH_4Cl 溶液，然后分别往两支试管中加入 5 滴 $2mol \cdot L^{-1}$ $NH_3 \cdot H_2O$，观察两支试管中发生的现象有何不同？为什么？

2. 缓冲溶液的配制和性质

（1）缓冲溶液的配制　通过计算，把配制下列三种缓冲溶液所需各组分的体积（mL）填入表 4-4 中（总体积为 10mL）。

按照表 4-4 中用量，配制甲、乙、丙 3 种缓冲溶液，于标过号的 3 支试管中用广泛 pH 试纸测定它们的 pH，填入表 4-4 中。试比较实验值与计算值是否相等。保留溶液，供下面的实验使用。

表 4-4　三种缓冲溶液的 pH 值

缓冲溶液	pH	组分	V/mL	pH（实验值）
甲	4.0	$0.1mol \cdot L^{-1}$ HAc $0.1mol \cdot L^{-1}$ NaAc		
乙	7.0	$0.1mol \cdot L^{-1}$ NaH_2PO_4 $0.1mol \cdot L^{-1}$ Na_2HPO_4		
丙	10.0	$0.1mol \cdot L^{-1}$ $NH_3 \cdot H_2O$ $0.1mol \cdot L^{-1}$ NH_4Cl		

（2）缓冲溶液的性质

① 对强酸、强碱的缓冲能力

a. 在两支试管中各加入 3mL 蒸馏水，用广泛 pH 试纸测定其 pH，然后分别加入 3 滴 $0.1mol \cdot L^{-1}$ 盐酸和 3 滴 $0.1mol \cdot L^{-1}$ NaOH 溶液，在用广泛 pH 试纸测定 pH。

b. 将实验 2(1) 中配制的甲乙丙 3 种缓冲溶液，依次各取 3mL 分别加入 3 支试管中，往每支试管中各加 3 滴 $0.1mol \cdot L^{-1}$ 盐酸。各取 3 支试管分别加甲乙丙三种缓冲溶液 3mL，再往每支试管中各加 3 滴 $0.1mol \cdot L^{-1}$ NaOH 溶液。用广泛 pH 试纸测定上述 6 支试管中溶液的 pH。测定值有无变化？由 a、b 两个实验可以得到什么结论？

② 对稀释的缓冲能力　取 4 支试管，依次加 pH4.0 的缓冲溶液、$0.01mol \cdot L^{-1}$ 盐酸溶液（用精密 pH 试纸测其 pH）、pH10.0 的缓冲溶液、$0.01mol \cdot L^{-1}$ NaOH（用精密 pH 试纸测其 pH）各 1mL，然后在各试管中加入 10mL 水，摇匀后用精密 pH 试纸测量其 pH。

通过①和②的实验说明缓冲溶液有什么性质。可用其表格形式作比较。

（3）缓冲容量

① 缓冲容量与缓冲剂浓度的关系　取两支试管，在一支试管中加入 2mL $0.1mol \cdot L^{-1}$

HAc 和 2mL 0.1mol·L^{-1} NaAc，在另一支试管中加入 2mL 1mol·L^{-1} HAc 和 2mL 1mol·L^{-1} NaAc，测定两支试管内溶液的 pH（是否相同?）。往两支试管中分别加入两滴甲基橙指示剂，然后在两支试管中分别逐滴加入 0.1mol·L^{-1} 盐酸溶液（每加 1 滴均需摇动），直到溶液的颜色变红色，记录每支试管中所加的滴数，解释现象。

② 缓冲溶液与缓冲组分比值的关系　取两支大试管，往一支试管中加入 5mL 0.1mol·L^{-1} NH$_3$·H$_2$O 和 5mL 0.1mol·L^{-1}NH$_4$Cl，此时

$$\frac{c(\text{NH}_3 \cdot \text{H}_2\text{O})}{c(\text{NH}_4^+)} = 1$$

另一支试管中加入 9mL 0.1mol·L^{-1} NH$_3$·H$_2$O 和 1mL 0.1mol·L^{-1} NH$_4$Cl，此时

$$\frac{c(\text{NH}_3 \cdot \text{H}_2\text{O})}{c(\text{NH}_4^+)} = 9$$

用精密 pH 试纸测量两溶液的 pH，然后在每支试管中加入 1mL 0.1mol·L^{-1} HCl，再用精密 pH 试纸测量它们的 pH。解释所观察的结果。

3. 设计性实验

设计实验说明 NaHCO$_3$ 溶液具有缓冲能力。

五、实验现象记录及解释

将实验现象记录于实验报告中并进行解释。

六、注意事项

（1）看清楚试剂瓶上的标签再取用试剂，取用后立即把胶头滴管放回原试剂瓶。

（2）1mL 试剂取用时，可以用量筒量，也可以用滴管滴 15～20 滴即可。

（3）注意性质实验报告格式，参考性质实验的报告格式。

七、思考题

（1）将 10mL 0.1mol·L^{-1} HAc 溶液和 10mL 0.1mol·L^{-1} NaOH 溶液混合，所得溶液是否有缓冲能力？

（2）在使用 pH 试纸检测溶液 pH 时，应注意哪些问题？

实验 4.7　盐类水解与沉淀-溶解平衡

一、实验目的

（1）了解盐类水解反应及其影响因素。

（2）了解沉淀-溶解平衡和溶度积原理的应用。

（3）学会离心分离操作方法。

二、实验原理

1. 盐类的水解反应

盐类的水解反应是组成盐的离子和水解离出来的 H$^+$ 或 OH$^-$ 相互作用，生成弱酸或弱碱的反应。盐类的水解反应往往使溶液呈碱性或酸性。弱酸强碱所产生的盐（如 NaAc）水解使溶液呈碱性；强酸弱碱所产生的盐（如 NH$_4$Cl）水解使溶液呈酸性；对于弱酸与弱碱所产生的盐的水解，则与生成的弱酸或弱碱的相对强度有关，例如（NH$_4$）$_2$S 溶液呈碱性。通常水解后生成的酸或碱越弱，则盐的水解程度越大。水解是吸热反应，加

热可以促进水解作用。

2. 沉淀-溶解平衡和溶度积规则的应用

在一定温度下，难溶电解质的饱和溶液中未溶解的固体和溶解后形成的离子间存在着平衡，这种多相离子平衡叫做沉淀溶解平衡。例如，在含有过量 PbI_2 的饱和溶液中，存在着下列平衡

$$PbI_2(s) \rightleftharpoons Pb^{2+} + 2I^-$$
$$(\text{固体}) \qquad (\text{液相})$$

$$K_{sp}^{\ominus}(PbI_2) = \frac{c(Pb^{2+})}{c^{\ominus}} \cdot \left[\frac{c(I^-)}{c^{\ominus}}\right]^2$$

$K_{sp}^{\ominus}$ 表示沉淀-溶解平衡的平衡常数，即在难溶电解质的饱和溶液中，难溶电解质离子浓度（以其化学计量数为幂指数）的乘积。$K_{sp}^{\ominus}$ 也叫做该难溶电解质的溶度积。$K_{sp}^{\ominus}$（PbI_2）表示 PbI_2 的溶度积。根据溶度积规则可以判断沉淀的生成和溶解，例如

$$\frac{c(Pb^{2+})}{c^{\ominus}} \cdot \left[\frac{c(I^-)}{c^{\ominus}}\right]^2 > K_{sp}^{\ominus}(PbI_2) \qquad \text{有沉淀生成}$$

$$\frac{c(Pb^{2+})}{c^{\ominus}} \cdot \left[\frac{c(I^-)}{c^{\ominus}}\right]^2 = K_{sp}^{\ominus}(PbI_2) \qquad \text{溶液正好饱和}$$

$$\frac{c(Pb^{2+})}{c^{\ominus}} \cdot \left[\frac{c(I^-)}{c^{\ominus}}\right]^2 < K_{sp}^{\ominus}(PbI_2) \qquad \text{溶液未饱和，无沉淀析出}$$

如果设法降低有难溶电解质沉淀的饱和溶液中某一种离子的浓度，使离子浓度的乘积小于其溶度积，则沉淀就溶解。

如果溶液中含有两种或两种以上的离子都能与加入的某种试剂（沉淀剂）反应生成难溶电解质沉淀时，沉淀的先后依序取决于所需沉淀离子浓度的大小。需要沉淀剂离子浓度较小的离子先沉淀，需要沉淀剂离子浓度较大的后沉淀。这种先后沉淀的现象叫做分步沉淀。

将一种难溶电解质转化为另一种难溶电解质，即把一种沉淀转化为另一种沉淀的过程，叫做沉淀的转化。一般来说，溶度积较大的难溶电解质容易转化为溶度积较小的难溶电解质。

三、仪器与试剂

（1）仪器　试管、试管架、试管夹、离心试管、玻璃棒、酒精灯、铁三脚架、石棉网、烧杯、电动离心机、表面皿。

（2）试剂　广泛 pH 试纸、NaAc(s)、$SbCl_3$(s)、$BiCl_3$(s)、$0.1mol \cdot L^{-1}$ Na_2CO_3、$0.1mol \cdot L^{-1}$ NaCl、$0.1mol \cdot L^{-1}$ $Al_2(SO_4)_3$、$0.1mol \cdot L^{-1}$ Na_3PO_4、$0.1mol \cdot L^{-1}$ NaH_2PO_4、$0.1mol \cdot L^{-1}$ Na_2HPO_4、$0.1mol \cdot L^{-1}$ Na_2SO_4、$0.1mol \cdot L^{-1}$ $FeCl_3$、$0.1mol \cdot L^{-1}$ $Pb(NO_3)_2$、$0.01mol \cdot L^{-1}$ $Pb(NO_3)$、$0.1mol \cdot L^{-1}$ KI、$0.01mol \cdot L^{-1}$ KI、$0.1mol \cdot L^{-1}$ K_2CrO_4、$0.1mol \cdot L^{-1}$ $AgNO_3$、$0.1mol \cdot L^{-1}$ $CuSO_4$、$0.1mol \cdot L^{-1}$ $ZnSO_4$、$0.1mol \cdot L^{-1}$ $MnSO_4$、$0.1mol \cdot L^{-1}$ Na_2S、$2mol \cdot L^{-1}$ HAc、$6mol \cdot L^{-1}$ HCl、$2mol \cdot L^{-1}$ HCl、$6mol \cdot L^{-1}$ HNO_3、$2mol \cdot L^{-1}$ HNO_3、$0.1mol \cdot L^{-1}$ $BaCl_2$、$(NH_4)_2C_2O_4$（饱和）、0.1%酚酞（90%乙醇溶液）、$2mol \cdot L^{-1}$ $NH_3 \cdot H_2O$。

四、实验步骤

1. 盐类的水解

（1）盐类的水解与溶液的酸碱性

① 用 pH 试纸检验 $0.1mol \cdot L^{-1}$ NaCl、$0.1mol \cdot L^{-1}$ Na_2CO_3 及 $0.1mol \cdot L^{-1}$ $Al_2(SO_4)_3$ 溶液的酸碱性，说明原因，并写出水解反应的离子方程式。

② 用 pH 试纸检验 $0.1mol \cdot L^{-1}$ Na_3PO_4、$0.1mol \cdot L^{-1}$ Na_2HPO_4、$0.1mol \cdot L^{-1}$ NaH_2PO_4 溶液的酸碱性。酸式盐是不是都显酸性，为什么？

（2）水解平衡

① 温度对水解的影响

a. 往一支试管中加入一粒绿豆大的 NaAc 固体及 4mL 水，摇荡试管使 NaAc 溶解后再滴入 1 滴酚酞指示剂。然后将溶液分盛于两支试管中，将一支试管溶液加热至沸腾，比较两支试管中溶液的颜色，并解释之。

b. 在 50mL 烧杯中注入 30mL 水，加热至沸，滴加 3～5 滴 $1mol \cdot L^{-1}$ $FeCl_3$ 溶液，有何现象？在溶液中逐滴加入 $0.1mol \cdot L^{-1}$ Na_2SO_4 溶液，又有何现象？解释原因。

② 将少量 $BiCl_3$（或 $SbCl_3$）固体加到盛有 1mL 蒸馏水的试管中，摇动。用 pH 试纸检验溶液的酸碱性。加 $6mol \cdot L^{-1}$ HCl 至沉淀刚好溶解，最后将所得溶液稀释，又有什么变化？解释上述现象，写出有关反应方程式。

③ 往一支试管中加入 3mL $0.1mol \cdot L^{-1}$ Na_2CO_3 和 2mL $0.1mol \cdot L^{-1}$ $Al_2(SO_4)_3$ 溶液，摇匀后，观察现象并解释之。写出反应的离子方程式。

2. 溶度积原理的应用

（1）判断沉淀能否生成　在一支试管中加入 5 滴 $0.1mol \cdot L^{-1}$ $Pb(NO_3)_2$ 溶液，然后加入 10 滴 $0.01mol \cdot L^{-1}$ KI 溶液，观察有无沉淀生成？

在另外一支试管中加入 5 滴 $0.01mol \cdot L^{-1}$ $Pb(NO_3)_2$ 溶液，然后加入 10 滴 $0.1mol \cdot L^{-1}$ KI 溶液，观察有无沉淀生成？试从溶度积原理解释上述现象。

（2）分步沉淀　在离心试管中加入 6 滴 $0.1mol \cdot L^{-1}$ NaCl 溶液和 2 滴 $0.1mol \cdot L^{-1}$ K_2CrO_4 溶液，加水稀释至 2mL，摇匀后逐滴加入 6～8 滴 $0.1mol \cdot L^{-1}$ $AgNO_3$ 溶液（边滴边摇）。离心沉淀后，观察生成的沉淀和溶液的颜色。再往清液中滴加数滴 $0.1mol \cdot L^{-1}$ $AgNO_3$ 溶液，会出现什么颜色的沉淀？根据沉淀的颜色（并通过有关溶度积的计算）判断哪一种难溶电解质先沉淀？

（3）沉淀的溶解

① 在 3 支离心试管中分别加入 1mL $0.1mol \cdot L^{-1}$ $CuSO_4$、$0.1mol \cdot L^{-1}$ $ZnSO_4$、$0.1mol \cdot L^{-1}$ $MnSO_4$ 溶液，再各加入 1mL $0.1mol \cdot L^{-1}$ Na_2S 溶液，离心分离，弃去清液。分别试验这 3 种沉淀在 $2mol \cdot L^{-1}$ HAc、$2mol \cdot L^{-1}$ HCl 和 $6mol \cdot L^{-1}$ HNO_3（水浴加热）中的溶解情况，比较这三种硫化物溶度积的大小。

② 在三支离心试管中分别加入 1mL $0.1mol \cdot L^{-1}$ Na_2CO_3、$0.1mol \cdot L^{-1}$ K_2CrO_4、$0.1mol \cdot L^{-1}$ Na_2SO_4 溶液，再各加入 1mL $0.1mol \cdot L^{-1}$ $BaCl_2$ 溶液，离心分离，弃去清液。分别试验这 3 种沉淀在 $2mol \cdot L^{-1}$ HAc、$2mol \cdot L^{-1}$ HCl 和 $6mol \cdot L^{-1}$ HCl 中的溶解情况。

（4）平衡的相互转化

① 生成弱电解质　往离心试管中加 5 滴 $0.1mol \cdot L^{-1}$ $BaCl_2$ 溶液和 3 滴饱和 $(NH_4)_2C_2O_4$ 溶液，有何现象？离心分离，弃去溶液，往沉淀中滴加 $6mol \cdot L^{-1}$ HCl 溶液，有什么现象？写出反应方程式。

② 生成配离子　往一支离心试管中加入 10 滴 $0.1mol \cdot L^{-1}$ NaCl 溶液, 再加入 1 滴 $0.1mol \cdot L^{-1}$ $AgNO_3$ 溶液, 离心分离, 弃去溶液, 往沉淀中滴加 $2mol \cdot L^{-1}$ $NH_3 \cdot$ ` H_2O, 有什么现象? 写出反应方程式。

③ 发生氧化还原反应　往一支离心试管中加入 5 滴 $0.1mol \cdot L^{-1}$ Na_2S 溶液, 再加入 1 滴 $0.1mol \cdot L^{-1}$ $AgNO_3$ 溶液, 有何现象? 离心分离, 弃去溶液, 往沉淀中滴加 10 滴 $6mol \cdot L^{-1}$ HNO_3, 水浴加热, 有什么变化? 写出反应方程式。

④ 沉淀的转化　取一支离心试管。加入 5 滴 $0.1mol \cdot L^{-1}$ Pb$(NO_3)_2$ 和 5 滴 $0.1mol \cdot L^{-1}$ NaCl 溶液, 有何现象? 离心分离, 弃去溶液, 往沉淀中滴加 5 滴 $0.1mol \cdot L^{-1}$ KI 溶液, 搅拌, 观察沉淀颜色变化。说明原因并写出反应方程式。

(5) 沉淀法分离混合离子

① 设计实验分离混合离子 Cu^{2+}、Ba^{2+}、Mg^{2+}。

② 设计实验分离混合离子 Ag^+、Fe^{3+}、Al^{3+}。

五、实验现象记录及解释

将实验现象记录于实验报告中并进行解释。

六、注意事项

(1) 使用离心机时要注意离心试管的对称放置, 若 1 个试管离心应在对称位置放置加有相同体积水的试管以保持离心机转动时的平衡。开关离心机时注意要逐级加挡和减挡。另外还要注意离心过程中不要打开机盖, 以免发生危险。

(2) 取用固体药品向试管里加入时应该用一纸条向里加, 不能直接用药匙往里倒入。

(3) 注意酒精灯使用。加热试管中液体时要小心操作, 不能将试管口朝向他人或自己, 离心试管不能直接加热。

(4) 注意 $AgNO_3$ 有强氧化性, 使用时注意不要溅到身上、手上。

(5) 用滴管吸取沉淀上面的清液时, 要在试管外将胶头内空气排尽后再伸入清液中。

(6) 注意性质实验报告格式, 参考性质实验的报告格式。

(7) 实验后的含金属离子的废液倒入指定废液桶内, 统一处理。

七、思考题

(1) 试解释为什么 $NaHCO_3$ 水溶液呈碱性, 而 $NaHSO_4$ 水溶液呈酸性。

(2) 如何配制 $SbCl_3$、$BiCl_3$、$FeCl_3$、$SnCl_2$ 等盐的水溶液。

(3) 利用平衡移动原理, 判断下列难溶电解质是否可用 HNO_3 来溶解?

$$MgCO_3 、 Ag_3PO_4 、 AgCl 、 CaC_2O_4 、 BaSO_4$$

(4) 能否把 $BaSO_4$ 转化为 $BaCO_3$? 为什么? 该转化有何实际意义?

实验 4.8　氧化还原反应

一、实验目的

(1) 理解电极电势与氧化还原反应方向的关系; 反应物浓度和介质对氧化还原反应的影响。

(2) 了解原电池的组成及电动势; 了解氧化态或还原态的浓度及介质对电对的电极电势的影响。

（3）进一步理解氧化还原反应的可逆性和氧化剂、还原剂的相对性。

二、实验原理

元素的氧化态及其还原态组成一个氧化还原电对，如 Cu^{2+}/Cu、Fe^{3+}/Fe、I_2/I^-、H^+/H_2、MnO_4^-/Mn^{2+} 等。

某电对的电极电势的代数值越高，其氧化态的氧化能力越强，某电对的电极电势的代数值越低，其还原态的还原能力越强。

氧化还原电对的电极电势的高低，除了取决于电对的本性，还与其氧化态与还原态的相对浓度、溶液的酸度及温度等有关。

氧化还原反应进行的方向，是强氧化剂与强还原剂作用，向生成弱还原剂与弱氧化剂方向进行。几个氧化还原物质同时存在时，氧化还原电对的电极电势相差较大的首先反应。

原电池中的电池反应就是氧化还原反应。原电极的电动势 $E = \varphi_+ - \varphi_-$。

三、仪器与试剂

（1）仪器　量筒、导线、盐桥、直流伏特计（0～3V）、大小表面皿、烧杯、酒精灯、试管、试管架、试管夹、玻璃棒。

（2）试剂　$1mol \cdot L^{-1}$ $PbNO_3$、$0.5mol \cdot L^{-1}$ $PbNO_3$、$1mol \cdot L^{-1}$ HAc、$0.5mol \cdot L^{-1}$ $CuSO_4$、$0.5mol \cdot L^{-1}$ $ZnSO_4$、$0.5mol \cdot L^{-1}$ KI、$0.1mol \cdot L^{-1}$ KI、$0.1mol \cdot L^{-1}$ $FeSO_4$、碘水（饱和）、溴水（饱和）、$0.5mol \cdot L^{-1}$ $K_4[Fe(CN)_6]$、$0.1mol \cdot L^{-1}$ $NaNO_2$、$0.01mol \cdot L^{-1}$ $KMnO_4$、$3mol \cdot L^{-1}$ H_2SO_4、$2mol \cdot L^{-1}$ H_2SO_4、$2mol \cdot L^{-1}$ HNO_3、浓 HNO_3、$0.1mol \cdot L^{-1}$ $H_2C_2O_4$、$0.5mol \cdot L^{-1}$ Na_2SiO_3、Na_2SO_3（s）、$6mol \cdot L^{-1}$ NaOH、$0.2mol \cdot L^{-1}$ Na_3AsO_4、$0.2mol \cdot L^{-1}$ Na_3AsO_3、3% H_2O_2、0.5%淀粉、浓氨水、CCl_4、$0.1mol \cdot L^{-1}$ $FeCl_3$、$0.1mol \cdot L^{-1}$ KBr、Zn 粒、Pb 粒、Zn 片、Cu 片、红色石蕊试纸（或广泛 pH 试纸）。

四、实验步骤

1. 电极电势与氧化还原反应的关系

（1）在 2 支小试管中分别加 20 滴 $0.5mol \cdot L^{-1}$ $Pb(NO_3)_2$，20 滴 $0.5mol \cdot L^{-1}$ $CuSO_4$，然后均放入 2 颗较大的光洁锌粒，振荡，放置 10min 后，弃去溶液，观察锌粒表面有何变化，写出反应式。

（2）在 2 支小试管中分别加 20 滴 $0.5mol \cdot L^{-1}$ $ZnSO_4$，20 滴 $0.5mol \cdot L^{-1}$ $CuSO_4$，然后均放入 2 颗较大的光洁铅粒，振荡，放置 10～15min 后，弃去溶液，观察铅粒表面有无腐蚀痕迹。若有，则写出反应式。

根据（1）和（2）实验，定性比较：电对 Zn^{2+}/Zn、Pb^{2+}/Pb、Cu^{2+}/Cu 电极电势的相对高低，Zn^{2+}、Pb^{2+}、Cu^{2+} 氧化性的相对强弱，Zn、Pb、Cu 还原性的相对强弱。

（3）往试管中加入 10 滴 $0.1mol \cdot L^{-1}$ KI 和 2 滴 $0.1mol \cdot L^{-1}$ $FeCl_3$，振荡，观察溶液的颜色有无变化，然后加入 10 滴 CCl_4，充分振荡、静置，观察 CCl_4 层的颜色。写出 Fe^{3+} 与 I^- 的反应式，解释实验现象。

（4）往试管中加入 10 滴 $0.1mol \cdot L^{-1}$ KBr 和 2 滴 $0.1mol \cdot L^{-1}$ $FeCl_3$，振荡，观察溶液的颜色有无变化，说明 Fe^{3+} 和 Br^- 能否反应？往试管中加入 5 滴 $0.1mol \cdot L^{-1}$ $FeSO_4$ 和 2 滴饱和 I_2 水，振荡后，观察溶液颜色有无变化，表明 Fe^{2+} 与 I_2 能否反应？

（5）在 2 支试管中均加入 5 滴饱和溴水，再向其中一支加入约 5~8 滴 0.1mol·L^{-1} FeSO$_4$，振荡后，在白色背景下比较 2 支试管溶液所呈现的颜色差别（若差别不明显，可滴加 1 滴 0.1mol·L^{-1} K$_4$[Fe(CN)$_6$]，根据有无蓝色沉淀出现，判断有无 Fe^{3+} 生成）。写出 Fe^{2+} 与 Br$_2$ 的反应式。

根据上面（3）、（4）和（5）的实验，定性比较：电对 Fe^{3+}/Fe^{2+}、Br$_2$/Br$^-$ 和 I$_2$/I$^-$ 电极电势的相对高低；Fe^{3+}、Br$_2$、I$_2$ 氧化性的相对强弱；Fe^{2+}、Br$^-$、I$^-$ 还原性的相对强弱。

2. 浓度和酸度对电极电势的影响

（1）浓度的影响　在两个小烧杯中，分别加入约 30mL 0.5mol·L^{-1} ZnSO$_4$、30mL 0.5mol·L^{-1} CuSO$_4$，然后分别插入锌片、铜片，组成两个电极，再用盐桥将两个烧杯溶液相联，即组成一个原电池。用导线将铜片、锌片分别与伏特计的正（＋）极、负（－）极连接柱相接，测量两极之间的电压。

然后向 CuSO$_4$ 溶液中注入浓氨水至生成的沉淀溶解，形成深蓝色溶液时，观察两极间的电压有何变化，表明正极的电势降低了还是升高了？

在向 ZnSO$_4$ 溶液中加浓氨水至生成的沉淀溶解时，观察两极的电压又有何变化？这表明负极的电极电势降低了还是升高了？由此推知氧化态离子的浓度减少，电对的电极电势降低了还是升高了？

（2）酸度的影响　向一支有 10 滴 0.1mol·L^{-1} NaNO$_2$ 的试管中加入 2 滴 0.1mol·L^{-1} KMnO$_4$，是否有变化发生？再加约 5 滴 3mol·L^{-1} H$_2$SO$_4$，振荡，观察发生的变化。写出离子反应式。由此推知：随着酸度增大，MnO$_4^-$ 的氧化性增强还是减弱？电对 MnO$_4^-$/Mn^{2+} 的电极电势升高还是降低？

3. 浓度、酸度、温度对氧化还原产物的影响

（1）浓度的影响

① 往 2 支各盛 1 颗锌粒的试管中，分别加入 10 滴浓 HNO$_3$，10 滴 2mol·L^{-1} HNO$_3$，观察反应现象，判断 2 支试管中的反应产物。浓 HNO$_3$ 被还原的主要产物可通过观察产生的气体的颜色来判断。稀 HNO$_3$ 即浓度为 2mol·L^{-1} HNO$_3$ 的还原产物可用溶液中是否有 NH$_4^+$ 生成的方法来确定。

气室法检测 NH$_4^+$：将 5 滴被检液滴于一较大的表面皿中央，再加入 3 滴 6mol·L^{-1} NaOH，轻轻摇匀。在一较小的表面皿的凹面上黏附一条湿润的红色石蕊试纸（或广泛 pH 试纸），然后倒盖在较大的表面皿上形成封闭气室。将此气室在水浴（可用装有热水的烧杯）上微热 2 min。若红色石蕊试纸变蓝（或广泛 pH 试纸变蓝），则表示被检液中有 NH$_4^+$。

② 在两支试管中分别加入 3 滴 0.5mol·L^{-1} Pb(NO$_3$)$_2$ 溶液和 3 滴 1mol·L^{-1} Pb(NO$_3$)$_2$ 溶液，各加入 30 滴 1mol·L^{-1} HAc 溶液，混匀后，再逐滴加入 0.5mol·L^{-1} Na$_2$SiO$_3$ 溶液约 26~28 滴，摇匀，用蓝色石蕊试纸检查溶液仍呈弱酸性。在 90℃ 水浴中加热至试管中出现乳白色透明凝胶，取出试管，冷却至室温，在两支试管中同时插入表面积相同的锌片，观察两支试管中"铅树"生长速率的快慢，并解释之。

（2）酸度的影响　在 3 支试管中均加入相当于 1 粒绿豆大的 Na$_2$SO$_3$ 固体（多了反应不完，沉于管底，用水很难洗掉，须加浓 HNO$_3$ 氧化，才易洗净，反添麻烦）。再向第一

管中加 5 滴 $3mol \cdot L^{-1}$ H_2SO_4；向第二管中加 5 滴水；向第三管中加 5 滴 $6mol \cdot L^{-1}$ NaOH，然后向 3 管中均加入 5 滴 $0.01mol \cdot L^{-1}$ $KMnO_4$，振荡，观察反应现象，写出离子方程式。

（3）温度的影响 在 A、B 两支试管中各加入 3 滴 $0.01mol \cdot L^{-1}$ $KMnO_4$ 溶液和 3 滴 $2mol \cdot L^{-1}$ H_2SO_4 溶液；在 C、D 两支试管中各加入 $1mL$ $0.1mol \cdot L^{-1}$ $H_2C_2O_4$ 溶液。将 A、C 两试管放在 60℃ 水浴中加热几分钟后取出，同时将 A 中溶液倒入 C 中，将 B 中溶液倒入 D 中。观察 C、D 两试管中的溶液哪一个先褪色，并解释之。

4. 酸度对氧化还原反应方向的影响

取 2 支试管，第一支试管中加入 5 滴 $0.2mol \cdot L^{-1}$ Na_3AsO_4 和 5 滴 $2mol \cdot L^{-1}$ H_2SO_4，温热后，加 5 滴 $0.1mol \cdot L^{-1}$ KI，观察溶液的变化；第二支试管中加入 5 滴 $0.2mol \cdot L^{-1}$ Na_3AsO_3，加 2～3 滴碘水，加热，观察发生的变化。第一支试管中再加入 6 滴 $6mol \cdot L^{-1}$ NaOH，第二支试管中再加入 6 滴 $3mol \cdot L^{-1}$ H_2SO_4，加热，观察发生的变化，写出可逆反应的离子方程式，注明正、逆反应进行的条件，解释实验现象。

5. 氧化剂与还原剂的相对性

取一支试管，加入 5 滴 $0.5mol \cdot L^{-1}$ KI 和 5 滴 $3mol \cdot L^{-1}$ H_2SO_4，再逐滴加入约 10 滴 3% H_2O_2 并振荡，观察溶液颜色的变化。加 1 滴 0.5% 淀粉溶液检验有无 I_2 生成。写出 H_2O_2 与 I^- 的反应式，说明 H_2O_2 在该反应中起的作用。

另取一支试管，加入 $0.01mol \cdot L^{-1}$ $KMnO_4$ 2 滴，$3mol \cdot L^{-1}$ H_2SO_4 5 滴，置于 60℃ 水浴中，然后逐滴加入 3% H_2O_2 并振荡，直至红色褪去。写出反应式，说明 H_2O_2 在该反应中的作用。

五、实验现象记录及解释

将实验现象记录于实验报告中并进行解释。

六、注意事项

（1）加 CCl_4 要注意观察溶液上、下层颜色的变化。

（2）有 NO_2 气体生成的反应，应在通风橱中或开启通风设备后再进行实验。

（3）注意伏特表的偏向及数值。

七、思考题

（1）试由实验归纳出影响电极电势大小的因素，它们都有一些什么样的影响？

（2）用伏特计测量原电池两极的电压等于电池电动势。这句话正确与否？为什么？

（3）$KMnO_4$ 在酸性、中性或弱碱性、强碱性三种介质中与还原剂反应的还原产物各是什么？反应溶液放置一段时间后，有何变化？为什么？

（4）根据电极电势与氧化还原反应的关系，说明 H_2O_2 在何种条件下可作氧化剂？在什么条件下可作还原剂？

（5）I^- 与 Fe^{3+} 反应后，溶液呈棕色。加入 CCl_4 振荡后，下层的 CCl_4 层呈红色。试从 I_2 的溶解性角度解释这两种液相所呈的不同颜色。

（6）试设计一个原电池，将反应 $2MnO_4^- + 5SO_3^{2-} + 6H^+ \longrightarrow 2Mn^{2+} + 5SO_4^{2-} + 3H_2O$ 中释放出的化学能转变为电能，并写出该电池符号。在标准状态下，该电池的电动势应为多少？（查教科书中的标准电极电势表）。

实验 4.9 配合物的性质

一、实验目的

（1）比较并解释配离子的稳定性。

（2）了解配位平衡与其他平衡之间的关系。

（3）了解配合物的一些应用。

二、实验原理

配合物是由形成体（又称为中心离子或中心原子）与一定数目的配位体（负离子或中性分子）以配位键结合而形成的一类复杂化合物，是路易斯（Lewis）酸和路易斯（Lewis）碱的加合物。配合物的内界与外界之间以离子键结合，在水溶液中完全解离。配位个体在水溶液中分步解离，其行为类似于弱电解质。在一定条件下，中心离子、配位体和配位个体间达到配位平衡，例如：

$$Cu^{2+} + 4NH_3 \longrightarrow [Cu(NH_3)_4]^{2+}$$

相应反应的标准平衡常数 $K_f^{\ominus}$ 称为配合物的稳定常数。对于相同类型的配合物，$K_f^{\ominus}$ 数值越大，配合物就越稳定。

在水溶液中，配合物的生成反应主要有配位体的取代反应和加合反应，例如：

$$[Fe(SCN)_n]^{3-n} + 6F^- \longrightarrow [FeF_6]^{3-} + nSCN^-$$

$$HgI_2(s) + 2I^- \longrightarrow [HgI_4]^{2-}$$

配合物形成时往往伴随溶液颜色、酸碱性（即 pH）、难溶电解质溶解度、中心离子氧化还原性的改变等特征。

利用一些配位离子的形成可以分离、鉴定某些简单离子。

三、仪器与试剂

（1）**仪器** 烧杯、试管、试管架、试管夹、玻璃棒、酒精灯、石棉网、烧杯。

（2）**试剂** $1mol \cdot L^{-1}$ HCl、$2mol \cdot L^{-1}$ $NH_3 \cdot H_2O$、$6mol \cdot L^{-1}$ $NH_3 \cdot H_2O$、$0.1mol \cdot L^{-1}$ NaOH、$0.1mol \cdot L^{-1}$ KI、$2mol \cdot L^{-1}$ KI、$0.1mol \cdot L^{-1}$ NaCl、$0.1mol \cdot L^{-1}$ KBr、$0.1mol \cdot L^{-1}$ $K_4[Fe(CN)_6]$、$0.1mol \cdot L^{-1}$ $K_3[Fe(CN)_6]$、$0.1mol \cdot L^{-1}$ $Na_2S_2O_3$、$0.1mol \cdot L^{-1}$ EDTA 二钠盐、$0.1mol \cdot L^{-1}$ NH_4SCN、$0.1mol \cdot L^{-1}$ KSCN、$(NH_4)_2C_2O_4$（饱和）、$2mol \cdot L^{-1}$ NH_4F、$0.1mol \cdot L^{-1}$ $NH_4Fe(SO_4)_2$、$0.1mol \cdot L^{-1}$ $AgNO_3$、$0.1mol \cdot L^{-1}$ $Al(NO_3)_3$、$0.1mol \cdot L^{-1}$ $Cu(NO_3)_2$、$0.1mol \cdot L^{-1}$ $BaCl_2$、$0.1mol \cdot L^{-1}$ $CuSO_4$、$0.1mol \cdot L^{-1}$ $FeCl_3$、Ni^{2+} 试液、Fe^{3+} 和 Co^{2+} 混合试液、碘水、0.01% 丁二酮肟、95% 乙醇、戊醇。

四、实验步骤

1. 简单离子与配离子的区别

在分别盛有 2 滴 $0.1mol \cdot L^{-1}$ $FeCl_3$ 溶液和 2 滴 $0.1mol \cdot L^{-1}$ $K_3[Fe(CN)_6]$ 溶液的 2 支试管中，分别滴入 2 滴 $0.1mol \cdot L^{-1}$ NH_4SCN 溶液，有何现象？两种溶液中都有 Fe(Ⅲ)，如何解释上述现象？

2. 配离子稳定性的比较

（1）往盛有 2 滴 $0.1mol \cdot L^{-1}$ $FeCl_3$ 溶液的试管中，加数滴 $0.1mol \cdot L^{-1}$ NH_4SCN

溶液，有何现象？然后逐滴加入饱和（NH_4）$_2C_2O_4$ 溶液，观察溶液颜色有何变化？写出有关反应方程式，并比较 Fe^{3+} 的两种配离子的稳定性大小。

（2）在盛有 10 滴 0.1mol·L^{-1} $AgNO_3$ 溶液的试管中，加入 10 滴 0.1mol·L^{-1} NaCl 溶液，微热，分离除去上层清液，然后在该试管中按下列的次序进行试验。

① 滴加 6mol·L^{-1} NH_3·H_2O（不断摇动试管）至沉淀刚好溶解。

② 加 10 滴 0.1mol·L^{-1} KBr 溶液，有何沉淀生成？

③ 除去上层清液，滴加 1mol·L^{-1} $Na_2S_2O_3$ 溶液至沉淀溶解。

④ 滴加 0.1mol·L^{-1} KI 溶液，又有何沉淀产生？

写出以上各反应的方程式，并根据试验现象比较以下内容。

① [$Ag(NH_3)_2$]$^+$、[$Ag(S_2O_3)_2$]$^{3-}$ 的稳定性大小。

② AgCl、AgBr、AgI 的 $K_{sp}^{\ominus}$ 大小。

（3）在 0.5mL 碘水中，逐滴加入 0.1mol·L^{-1} K_4[$Fe(CN)_6$] 溶液，振荡，有何现象？写出反应式。

结合 Fe^{3+} 可以把 I^- 氧化成 I_2 这一试验结果，试比较 Fe^{3+}/Fe^{2+} 与 [$Fe(CN)_6$]$^{3-}$/[$Fe(CN)_6$]$^{4-}$ 的电极电势大小，并根据两者电极电势的大小，比较 [$Fe(CN)_6$]$^{3-}$ 和 [$Fe(CN)_6$]$^{4-}$ 稳定性的大小。

3. 配位解离平衡的移动

在盛有 5mL 0.1mol·L^{-1} $CuSO_4$ 溶液的小烧杯中加入 6mol·L^{-1} NH_3·H_2O 直至最初生成的碱式盐 $Cu_2(OH)_2SO_4$ 沉淀又溶解为止。然后加入 6mL 95% 的乙醇。观察晶体的析出。将晶体过滤，用少量乙醇洗涤晶体，观察晶体的颜色。写出反应式。

取上面制备的 [$Cu(NH_3)_4SO_4$] 晶体少许溶于 4mL 2mol·L^{-1} NH_3·H_2O 中，得到含 [$Cu(NH_3)_4$]$^{2+}$ 的溶液。今欲破坏该配离子，请按下述要求，自己设计实验步骤进行实验，并写出有关反应。

（1）利用酸碱反应破坏 [$Cu(NH_3)_4$]$^{2+}$。

（2）利用沉淀反应破坏 [$Cu(NH_3)_4$]$^{2+}$。

（3）利用氧化还原反应破坏 [$Cu(NH_3)_4$]$^{2+}$。

提示：

$$[Cu(NH_3)_4]^{2+}+2e \Longrightarrow Cu+4NH_3 \quad \varphi^{\ominus}=-0.02V$$
$$[Zn(NH_3)_4]^{2+}+2e \Longrightarrow Zn+4NH_3 \quad \varphi^{\ominus}=-1.02V$$

（4）利用生成更稳定配合物（如螯合物）的方法破坏 [$Cu(NH_3)_4$]$^{2+}$。

4. 配合物的某些反应

（1）利用生成有色配合物稳定性鉴定某些离子 丁二酮肟 $\left(\begin{array}{l}CH_3-C=N-OH \\ CH_3-C=N-OH\end{array}\right)$ 分子中两个 N 原子均可与 Ni^{2+} 配位，形成五元环螯合物。丁二酮肟是弱酸，H^+ 浓度太大，Ni^{2+} 沉淀不完全或不生成沉淀。但 OH^- 的浓度也不宜太大，否则会生成 $Ni(OH)_2$ 沉淀。合适的酸度是 pH 为 5.0~10.0。

实验：在白色点滴板上加入 Ni^{2+} 试液 1 滴，6mol·L^{-1} NH_3·H_2O 1 滴和 0.01% 的丁二酮肟溶液 1 滴，有鲜红色沉淀生成表示有 Ni^{2+} 存在。

（2）利用生成配合物掩蔽干扰离子 在定性鉴定中如果遇到干扰离子，常常利用形成配合物的方法把干扰离子掩蔽起来。例如 Co^{2+} 的鉴定，可利用它与 SCN^- 反应生成 $[Co(SCN)_4]^{2-}$，该配离子易溶于有机溶剂而呈现蓝绿色。若 Co^{2+} 溶液中含有 Fe^{3+}，因 Fe^{3+} 遇到 SCN^- 生成红色的配离子而产生干扰。这时，我们可用 Fe^{3+} 与 F^- 形成更稳定的无色 $[FeF_6]^{3-}$，把 Fe^{3+} "掩蔽" 起来，从而避免它的干扰。

实验：取 Fe^{3+} 和 Co^{2+} 混合试液 2 滴于一试管中，加 $8 \sim 10$ 滴饱和 NH_4SCN 溶液，有何现象产生？逐滴加入 $2mol \cdot L^{-1}$ NH_4F 溶液，并摇动试管，有何现象？最后加戊醇 6 滴，振荡试管，静置，观察戊醇的颜色（这是 Co^{2+} 的鉴定方法）。

（3）硬水软化　取两只 100mL 烧杯各盛 20mL 自来水（用井水效果更佳），在其中一只烧杯中加入 $3 \sim 5$ 滴 $0.1mol \cdot L^{-1}$ EDTA 二钠盐溶液。然后将两只烧杯中的水加热煮沸 10 min。可以看到未加 EDTA 二钠盐溶液的烧杯中有白色 $CaCO_3$ 等悬浮物产生，而加 EDTA 二钠盐溶液的烧杯中则没有，这表明水中 Ca^{2+} 等阳离子发生了什么变化？为何没有产生白色悬浮物？

5. 配位化合物与复盐的区别

往 3 支试管中各加入 10 滴 $0.1mol \cdot L^{-1}$ $NH_4Fe(SO_4)_2$ 溶液，分别用 $0.1mol \cdot L^{-1}$ NaOH 溶液、$0.1mol \cdot L^{-1}$ KSCN 溶液和 $0.1mol \cdot L^{-1}$ $BaCl_2$ 溶液来检验溶液中的 NH_4^+、Fe^{3+} 和 SO_4^{2-}。写出反应方程式。比较试验内容 3 及本实验的结果，试说明配位化合物与复盐的区别。

6. 利用配位反应分离混合离子

取 $0.1mol \cdot L^{-1}$ $AgNO_3$、$0.1mol \cdot L^{-1}$ $Al(NO_3)_3$ 和 $0.1mol \cdot L^{-1}$ $Cu(NO_3)_2$ 溶液各 5 滴，进行混合，试利用配位反应分离 Ag^+、Al^{3+}、Cu^{2+}。设计分离并写出有关反应式。

五、实验现象记录及解释

将实验现象记录于实验报告中并进行解释。

六、注意事项

（1）实验过程中取用后的试剂要放回原处，以方便他人取用。

（2）滴加试剂时滴管不能伸入试管内部，以免污染公用试剂。

（3）注意记录实验现象和反常现象。

（4）为了方便实验顺利进行，一组从前向后做，另一组从后向前做。

七、思考题

（1）衣服上沾有铁锈时，常用草酸去洗，试说明原理。

（2）可用哪些不同类型的反应，使 $[FeSCN]^{2+}$ 的红色褪去？

（3）在印染业的染液中，常因某些离子（如 Fe^{3+}，Cu^{2+} 等）使染料颜色改变，加入 EDTA 便可纠正此弊，试说明原理。

（4）请用适当的方法将下列各组化合物逐一溶解。

①AgCl，AgBr，AgI；②$Mg(OH)_2$，$Zn(OH)_2$，$Al(OH)_3$；③CuC_2O_4，CuS。

实验 4.10　中和热的测定

一、实验目的

（1）用量热法测定 HCl 与 NaOH，HAc 与 NaOH 的中和热，并掌握测定中和热的原理和基本操作方法。

（2）学会通过作温度-时间曲线，用外推法求温度差。

二、实验原理

化学反应中所吸收或放出的热量叫做化学反应的热效应（ΔH）。酸碱中和反应焓变 ΔH 为负值，可使系统升温。将某个中和反应置于一个较为封闭的系统中，通过测定温度变化，就能计算出该中和反应的热效应。

图 4-1 为测定反应热而设计的量热计。它是一个保温杯，瓶胆具有真空隔热作用，用紧扣的盖上凿两个洞，一个插精密温度计，一个插环状搅拌棒，它们都用橡胶塞套紧，使保温杯尽量不与外界发生热交换。

反应放出的热量引起量热计和反应液温度的升高。理论上，反应放出的热量应当等于反应液得到的热量和量热计所得的热量之和。计算公式为

$$Q = (mC_{液} + C_{计}) \times \Delta T$$

式中，Q 为反应放出的热量；m 为反应液的质量；$C_{液}$ 为反应液的热容；$C_{计}$ 为量热计热容；ΔT 为温度变量，$C_{计}$ 和 ΔT 可以通过实验测出。由于反应时整个系统比周围环境温度高，尽管封闭，总会有部分热量散失。因此，实验读到的最高温度并不是系统按照 Q 值可以达到的最高温度，实验得到的温度总是偏低。采取温度-时间作图，然后用外推法求出系统的最高温度，可以减少实验方法的误差（图 4-2）。

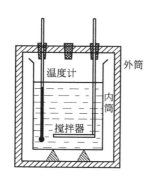

图 4-1　量热计构造

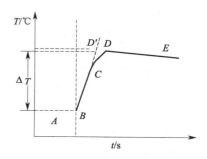

图 4-2　外推法求中和反应的 ΔT

每隔一段时间记录一次温度，然后绘制反应的温度-时间曲线。AB 是反应前的温度，C 是反应中的温度，DE 是反应完成后的温度下降曲线。显然用 C 或者 D 作为反应后体系上升的最高温度是不合适的。反向延长线 DE，与通过开始反应时刻 B 点、垂直于横坐标的垂线 BD' 相交于 D' 点，D' 所对应的温度才是反应后系统的最高温度，由此得出 ΔT。

作图时应注意以下问题。

（1）DE 作为温度下降曲线，一定要画准确，否则外推出的 D' 点将不准确。尤其是测定量热计的热容时，误差会很大。

（2）纵坐标以温度确定长度单位时，可根据测定的具体数值将其放大标明，而不要拘泥于从“0”开始。

三、仪器与试剂

（1）仪器　量热计、精密温度计（最小分度 0.1℃）、秒表、量筒、吸水纸、烧杯。

（2）试剂　1.0mol·L^{-1} NaOH、1.0mol·L^{-1} HCl、1.0mol·L^{-1} HAc、蒸馏水。

四、实验步骤

1. 测定量热计的热容

测定量热计热容的方法是将一定量的热水加入到盛有一定量冷水的量热计中，热水失去的热量等于冷水和量热计得到的热量。

（1）按图 4-3 所示装好量热计（注意勿使温度计与杯底接触）。在量热计中加入 70mL 蒸馏水，盖好盖子，等系统达到平衡时，记录下温度（精确到 0.1℃）。

（2）在一干净烧杯中加入 70mL 蒸馏水，在石棉网上加热到室温以上 15～20℃，离开火源稍停 1～2min，迅速记录热水温度并将其全部倒入量热计中，注意勿使水溅在量热计外，盖好盖子，上下均匀提搅拌棒。

（3）迅速观察温度变化。一人看秒表、做记录；另一人右手提搅拌棒，左手轻握温度计读数。最初每隔 3s 读一次，5 次数据读完，可每隔 15s 读一次，然后类似图 4-2，作出量热计热容的温度-时间曲线图，用外推法确定混合后的最高温度 $T_{混合}$ 及 ΔT（混合温度－冷水温度）。注意 $T_{热}-T_{混合} > \Delta T_{混合}$，否则 $T_{混合}$ 有问题，要检查外推法作图。

（4）计算量热计的热容公式：

$$q = (T_{热}-T_{混合}) \times 70 \times 4.18$$
$$= 70 \times \Delta T \times 4.18 + C_{计} \Delta T$$

$$C_{计} = \frac{[(T_{热}-T_{混合})-\Delta T] \times 70 \times 4.18}{\Delta T} \times 10^{-3} (kJ \cdot K^{-1})$$

2. 测定 NaOH 和 HCl 反应的中和热

（1）量取 70mL 1.0mol·L^{-1} NaOH 溶液倒入量热计中。再量取 70mL 1.0mol·L^{-1} HCl 于量筒中，静置 3min，然后分别用量热计上的精密温度计与另一温度计同时记录下酸、碱溶液此时的温度。要求两溶液温度之差在 0.5℃ 以内，否则要校对温度计或使刚测过的量热计冷至室温（为了节约时间，常常先测定量热计热容、后测定 NaOH 和 HCl 反应的中和热）。

（2）打开量热计的盖子，迅速准确地将全部盐酸溶液倒入杯中，盖好盖子，在轻轻搅拌的同时，迅速记录温度，方法同（1）。用外推法确定 $T_{混合}$ 及 $\Delta T_{混合}$，计算中和热。注意若 NaOH 和 HCl 的浓度都不是 1.0mol·L^{-1} 时应按浓度较小的溶液求出反应所生成的 H_2O 量（用物质的量表示），并计算出 1mol·L^{-1} 酸碱反应的中和热。

（3）测定 NaOH 和 HAc 反应的中和热。用 1.0mol·L^{-1} HAc 代替 1.0mol·L^{-1} HCl，按照步骤（2）进行操作，最后计算出 NaOH 和 HAc 反应的中和热。

五、实验数据记录与数据处理

1. 量热计的热容

冷水温度 T_____K；热水温度 T_____K；

用外推法测得 $T_{混合}$_____K；$\Delta T_{混合}$_____K；量热计的热容_____kJ·K^{-1}；

2. 盐酸和 NaOH 的中和热

NaOH 溶液的温度_____K；盐酸的温度_____K；

用外推法得到的 $T_{混合}$_____K；$\Delta T_{混合}$_____K；

溶液与量热计共得到的热量（140＋$C_{计}$）×ΔT×10^{-3}×4.18_____kJ；

NaOH 和 HCl 反应生成 H_2O 的物质的量_____mol；

生成 1mol H_2O 所放出的热量_____kJ·mol^{-1}；

理论值 $13.8×4.18$ kJ·mol^{-1}，相对误差_____%。

3. NaOH 和 HAc 中和热

与 2. 类似，只要将 HCl 换成 HAc。已知 NaOH 和 HAc 中和热的理论值为 $13.3×4.18$ kJ·mol^{-1}，作出数据和分析。

六、注意事项

（1）作为量热器的仪器装置，其保温隔热的效果一定要好。因此，可以用保温杯来做，也可用块状聚苯乙烯泡沫塑料制成与小烧杯外径相近的绝热外套来做，以保证实验时的保温隔热效果。

（2）盐酸和 NaOH 溶液浓度的配制须准确，且 NaOH 溶液的浓度须稍大于盐酸的浓度。为使测得的中和热更准确，所用盐酸和 NaOH 溶液的浓度宜小不宜大，如果浓度偏大，则溶液中阴、阳离子间的相互牵制作用就大，表观解离度就会减小，这样酸碱中和时产生的热量势必要用去一部分来补偿未解离分子的解离热，造成较大误差（偏低）。

（3）宜用有 0.1 分刻度的温度计，且测量时应尽可能读准，并估读到小数点后第二位。温度计的水银球部分要完全浸没在溶液中，而且要稳定一段时间后再读数，以提高所测温度的精度。

（4）实验操作时动作要快，以尽量减少热量的散失。

七、思考题

（1）1mol HCl 与 1mol H_2SO_4，被碱完全中和时放出的热量是否相同？

（2）中和热除与温度有关外，与溶液浓度有无关系？

（3）下列情况对实验结果有无影响？

① 每次实验时，若量热计温度与溶液起始浓度不一致。

② 量热计没洗干净或洗后没有擦干。

③ 两支温度计未加校正。

实验 4.11　个别离子鉴定

一、实验目的

学习和掌握若干元素离子的个别鉴定方法。

二、仪器与试剂

（1）仪器　试管、试管架、试管夹、离心试管、带有铂丝的玻璃棒、酒精灯、烧杯、电动离心机、表面皿、点滴板、验气瓶等。

（2）试剂　Na^+、CrO_4^{2-}、Cr^{3+}、Mn^{2+}、Fe^{2+}、Fe^{3+}、Cu^{2+}、Zn^{2+}、SO_3^{2-}、NO_3^-、PO_4^{3-} 试液，Cu^{2+}、Ag^+、Zn^{2+} 混合试液，0.1mol·L^{-1} $K_2Cr_2O_7$、0.1mol·L^{-1} K_2CrO_4、0.1mol·L^{-1} KSCN、0.1mol·L^{-1} $K_4[Fe(CN)_6]$、0.1mol·L^{-1} $K_3[Fe(CN)_6]$、0.2% $CoCl_2$、0.01mol·L^{-1} $KMnO_4$、$(NH_4)_2MoO_4$（0.1mol·L^{-1}）、乙醚、$(NH_4)_2[Hg(SCN)_4]$ 试剂、2mol·L^{-1} H_2SO_4、浓 H_2SO_4、3mol·L^{-1} HNO_3、6mol·L^{-1} HNO_3、2mol·L^{-1} HCl、6mol·L^{-1} HCl、2mol·L^{-1} HAc、2mol·L^{-1} NaOH、浓 NH_3·H_2O、3% H_2O_2、$FeSO_4(s)$、$NaBiO_3(s)$。

三、实验步骤

1. Na^+ 的检出

将顶端弯成小圈的铂丝（或镍丝）浸在 $2mol \cdot L^{-1}$ HCl 中（放在点滴板的凹穴内），取出后，放在酒精灯氧化火焰中灼烧，如火焰无色，即可进行验色反应。否则，应继续用 $2mol \cdot L^{-1}$ HCl 清洗、灼烧，直到没有颜色为止。

用洁净的铂丝蘸取 Na^+ 试液（预先放在点滴板的凹穴内，并加入 $6mol \cdot L^{-1}$ HCl 一滴）灼烧之，观察火焰的颜色。

2. CrO_4^{2-}、Cr^{3+} 的检出

在溶液中铬主要以三种形式存在：CrO_4^{2-}、Cr^{3+}、$Cr_2O_7^{2-}$，CrO_4^{2-} 和 $Cr_2O_7^{2-}$ 在水溶液中存在着下列平衡：

$$2CrO_4^{2-} + 2H^+ \Longrightarrow Cr_2O_7^{2-} + H_2O$$

因此在酸性介质中，铬以 $Cr_2O_7^{2-}$ 形式存在；在碱性介质中以 CrO_4^{2-} 形式存在；在酸性介质中，$Cr_2O_7^{2-}$ 与 H_2O_2 作用生成过氧化铬（CrO_5）

$$Cr_2O_7^{2-} + 4H_2O_2 + 2H^+ \longrightarrow 2CrO_5 + 5H_2O$$

CrO_5 易溶于有机溶剂（如乙醚）中呈蓝色，利用这一反应检验 CrO_4^{2-} 和 $Cr_2O_7^{2-}$。

Cr^{3+} 的检出是利用在碱性介质中氧化为 CrO_4^{2-}，然后再用鉴定 CrO_4^{2-} 的方法来验证 Cr^{3+} 的存在。

(1) CrO_4^{2-}、$Cr_2O_7^{2-}$ 的转化 取 10 滴 $0.1mol \cdot L^{-1}$ $K_2Cr_2O_7$ 溶液，滴加 $2mol \cdot L^{-1}$ NaOH，溶液颜色有何变化？写出反应式。

(2) CrO_4^{2-}（$Cr_2O_7^{2-}$）的鉴定 取 2 滴 CrO_4^{2-} 试液，用 $2mol \cdot L^{-1}$ H_2SO_4 酸化，冷却后加乙醚 5 滴和 $2 \sim 3$ 滴 3% 双氧水，摇匀后观察乙醚层的颜色。如乙醚层呈深蓝色，表示有 CrO_4^{2-}（$Cr_2O_7^{2-}$）存在。

(3) Cr^{3+} 的检出 取 Cr^{3+} 的试液 5 滴，逐渐加入 $2mol \cdot L^{-1}$ NaOH，有何物生成？再加入过量的 NaOH 溶液，有何变化产生？在此溶液中，逐渐加入 $7 \sim 8$ 滴 3% 双氧水，每滴加 1 滴都用玻璃棒搅匀，加热 $2 \sim 3min$，去除剩余的双氧水，观察颜色变化。用鉴定 CrO_4^{2-} 的方法验证 Cr^{3+} 的存在。

3. Mn^{2+} 的检出

取一滴 Mn^{2+} 试液，加 3 滴蒸馏水和 3 滴 $3mol \cdot L^{-1}$ HNO_3 和一小勺 $NaBiO_3$ 固体，搅拌。自然沉降，观察上层清液颜色变化，并写出反应式。

4. Fe^{3+} 的检出

取 1 滴 Fe^{3+} 试液加到点滴板凹穴中，再滴加 1 滴 $0.1mol \cdot L^{-1}$ $K_4[Fe(CN)_6]$ 溶液，如有蓝色沉淀产生，表示有 Fe^{3+} 存在，写出反应式。

取 1 滴 Fe^{3+} 试液加到点滴板凹穴中，再滴加 1 滴 $0.1mol \cdot L^{-1}$ KSCN 溶液，观察颜色变化，写出反应式。

5. Fe^{2+} 的检出

取 1 滴 Fe^{2+} 试液加到点滴板凹穴中，加 1 滴 $2mol \cdot L^{-1}$ HCl 和 1 滴 $K_3[Fe(CN)_6]$ 溶液，如有蓝色沉淀产生，表示有 Fe^{2+} 存在，写出反应式。

6. Cu^{2+} 的检出

当 Cu^{2+} 的量较少时，可用比生成 $[Cu(NH_3)_4]^{2+}$ 更灵敏的亚铁氰化钾法检出。在试管中加 2 滴 Cu^{2+} 试液，加 2 滴 $2mol \cdot L^{-1}$ HAc 及 2 滴 $0.1mol \cdot L^{-1}$ $K_4[Fe(CN)_6]$ 溶液，即生成红褐色的 $Cu_2[Fe(CN)_6]$ 沉淀。碱能使 $Cu_2[Fe(CN)_6]$ 分解生成淡蓝色的

$Cu(CN)_2$，故反应需在弱酸性溶液中进行，写出反应式。

7. Zn^{2+} 的检出

取 2 滴 Zn^{2+} 试液于试管中，加入 0.2% $CoCl_2$ 溶液和 $(NH_4)_2[Hg(SCN)_4]$ 溶液各 2 滴，用玻璃棒摩擦试管内壁，如有蓝色或浅蓝色沉淀生成，表示有 Zn^{2+} 存在。蓝色沉淀是 $Zn[Hg(SCN)_4]$ 和 $Co[Hg(SCN)_4]$ 的混合晶体。反应式为

$$Zn^{2+} + [Hg(SCN)_4]^{2-} \longrightarrow Zn[Hg(SCN)_4]\downarrow$$
$$Co^{2+} + [Hg(SCN)_4]^{2-} \longrightarrow Co[Hg(SCN)_4]\downarrow$$

8. Cu^{2+}、Ag^+、Zn^{2+} 混合离心分析

以下是 Cu^{2+}、Ag^+、Zn^{2+} 分离简表

$$Ag^+ \qquad AgCl\downarrow \xrightarrow{\text{浓}NH_3 \cdot H_2O} [Ag(NH_3)_2]^+$$

$$Zn^{2+} \longrightarrow Zn^{2+} \xrightarrow{NaOH} \left| \begin{array}{l} ZnO_2^{2-} \xrightarrow{HCl} Zn^{2+} \\ Cu(OH)_2\downarrow \xrightarrow{HCl} Cu^{2+} \end{array} \right.$$

$$Cu^{2+} \qquad Cu^{2+}$$

（1）取 Cu^{2+}、Ag^+、Zn^{2+} 的混合溶液 10~15 滴，加 $2mol \cdot L^{-1}$ HCl，即有沉淀产生，离心分离。

（2）Ag^+ 的检出：在分离出的沉淀中，加入浓 $NH_3 \cdot H_2O$ 至沉淀溶解。在该溶液中加入 $2mol \cdot L^{-1}$ HCl，这时候有白色 AgCl 沉淀析出，确证 Ag^+ 的存在。写出有关的化学反应方程式。

（3）往（1）的离心清液中，加入过量的 $2mol \cdot L^{-1}$ NaOH，有沉淀生成，离心分离，即可达到分离 Cu^{2+} 和 Zn^{2+} 的目的。

（4）取出（3）的离心液加 HCl 酸化，即可用来检验 Zn^{2+}，将（3）余留的沉淀加 HCl 溶解后，即可用来检验 Cu^{2+} 的存在。

9. NO_3^- 的检出

在浓硫酸存在下，NO_3^- 与 Fe^{2+} 反应生成 NO，NO 遇 Fe^{2+} 形成配离子 $[Fe(NO)]^{2+}$（形成棕色环）。反应式如下

$$NO_3^- + 3Fe^{2+} + 4H^+ \longrightarrow 3Fe^{3+} + NO + 2H_2O$$
$$Fe^{2+} + NO \longrightarrow [Fe(NO)]^{2+}$$

取 1 滴 NO_3^- 试液置于点滴板凹穴中，在溶液的中央放入一小粒的 $FeSO_4$ 结晶，往结晶上加 2 滴浓硫酸。如周围有棕色环出现，表示有 NO_3^- 的存在。

10. PO_4^{3-} 的检出

取 3 滴 PO_4^{3-} 试液置于试管中，滴入 1 滴 $6mol \cdot L^{-1}$ HNO_3 及 8~10 滴 $0.1mol \cdot L^{-1}$ $(NH_4)_2MoO_4$，即有黄色沉淀产生，反应方程式如下：

$$PO_4^{3-} + 12 MoO_4^{2-} + 3NH_4^+ + 24H^+ \longrightarrow (NH_4)_3PO_4 \cdot 12MoO_3 \cdot 6H_2O\downarrow + 6H_2O$$

11. SO_3^{2-} 的检出

取 8~10 滴试液，置于验气瓶中，在环圈上悬 10 滴 $0.01mol \cdot L^{-1}$ $KMnO_4$ 溶液，试管中加入 5 滴 $6mol \cdot L^{-1}$ HCl，迅速将塞子塞上。注意勿使环端与试管壁接触，若 $KMnO_4$ 褪色，表示有 SO_3^{2-} 存在。注意 S^{2-}、$S_2O_3^{2-}$ 对该鉴定有干扰。

四、实验现象记录及解释

将实验现象记录于实验报告中并进行解释。

（1）注意反应所要求的酸碱度、浓度和温度。

（2）待测物质是固体一般要现配成溶液，然后鉴定其中的离子。

（3）对几种待测物质要进行并列实验时，每进行一次实验，都要另取新溶液，避免已加试剂的干扰。

（4）离子鉴定所用试液取量应适当，一般取 2～10 滴为宜，过多或过少对分离鉴定均有一定影响。

（5）利用沉淀分离时，沉淀剂的浓度和用量应适量，以保证被沉淀离子沉淀完全。但又不是越多越好，若用量太多，会引起较强盐效应，反而增大沉淀的溶解度，分离后的沉淀应用去离子水洗涤，以保证分离效果。

六、思考题

（1）SO_3^{2-} 的鉴定方法中，盐酸的作用是什么？

（2）一个能溶于水的混合物，已检出含有 Ba^{2+}、Ag^+，下列阴离子中，哪几种可不必鉴定？

$$SO_3^{2-}、Cl^-、NO_3^-、SO_4^{2-}、CO_3^{2-}、I^-$$

（3）请设计实验鉴定四种黑色固体，分别是 CuO、Co_2O_3、PbO_2、MnO_2。

实验 4.12　NaOH 标准溶液的标定

一、实验目的

（1）掌握标准溶液浓度的标定方法。

（2）熟练运用减量法称量及滴定操作。

（3）加深了解指示剂变色的原理及终点颜色的判断。

二、实验原理

邻苯二甲酸氢钾具有易获得纯品、易干燥、摩尔质量大等优点，故标定 NaOH 标准溶液，常用酸性物质邻苯二甲酸氢钾（$KHC_8H_4O_4$，常简写为 HKP）作为基准物。

邻苯二甲酸氢钾含有一个可解离的 H^+，其 $K_a^\ominus=2.9\times10^{-6}$，标定时的反应式为：

$$KHC_8H_4O_4+NaOH \longrightarrow KNaC_8H_4O_4+H_2O$$

自行计算化学计量点 pH，说明为什么采用酚酞为指示剂。

三、仪器与试剂

（1）仪器　电子天平、50mL 碱式滴定管、锥形瓶、装有烘干处理过的基准物邻苯二甲酸氢钾的称量瓶。

（2）试剂　粗略配制的未知浓度的 NaOH 标准溶液 500mL、0.1% 酚酞指示剂。

四、实验步骤

（1）在电子天平上用减量法从称量瓶中准确称取 3 份已在 105～110℃ 烘过 1h 以上的分析纯邻苯二甲酸氢钾（准确到小数点后四位），每份 0.4～0.6g，放入已洗净擦干并编号的 250mL 锥形瓶中，用 50mL 左右蒸馏水使之溶解。

（2）加入 1～2 滴酚酞指示剂，用待标定的 NaOH 标准溶液滴定至微红色，30s 内不褪色即为终点，读终读数。

(3) 根据邻苯二甲酸氢钾的质量和所用的 NaOH 标准溶液的体积计算 NaOH 标准溶液的准确浓度。

(4) 3 份测定的相对平均偏差要求小于 0.2%，否则应重复测定。

五、实验数据记录及数据处理

(1) 记录递减法称取基准物邻苯二甲酸氢钾的质量。

(2) 记录消耗 NaOH 滴定液的体积。

(3) 计算的 NaOH 浓度及所标定浓度的相对平均偏差。

NaOH 标准溶液的浓度（以 $mol \cdot L^{-1}$ 为单位）按下列公式计算：

$$c(NaOH) = \frac{m(HKP)}{V(NaOH) \times 204.2 g \cdot mol^{-1}} \times 1000$$

次数 项目	Ⅰ	Ⅱ	Ⅲ
称量瓶＋$KHC_8H_4O_4$（前）/g			
称量瓶＋$KHC_8H_4O_4$（后）/g			
$KHC_8H_4O_4$ 的质量/g			
$V(NaOH)$终读数/mL			
$V(NaOH)$初读数/mL			
$V(NaOH)$/mL			
$c(NaOH)$/mol·L^{-1}			
$\bar{c}(NaOH)$/mol·L^{-1}			
个别测定值的绝对偏差			
平均偏差			
相对平均偏差/%			

六、注意事项

(1) 滴定前，应检查橡胶管内和滴定管尖处是否有气泡，如有气泡应排除。否则影响其读数，会给测定带来误差。

(2) 盛放基准物的 3 个锥形瓶应编号，以免混淆。防止过失误差。

(3) 用来配制 NaOH 的蒸馏水，应加热煮沸放冷，除去水中 CO_2。

(4) 3 份测定的相对平均偏差要求小于 0.2%，否则应重复测定。

七、思考题

(1) 在实验中要求称取 0.4～0.6g 基准物邻苯二甲酸氢钾，依据是什么？称量过多或过少会引起什么问题？

(2) 实验中加入 50mL 蒸馏水用什么量具量取？是否要求准确？为什么？

(3) 锥形瓶为什么要编号并要擦干？

实验 4.13 氨水中氨含量的测定

一、实验目的

(1) 掌握容量瓶、移液管的洗涤和正确地使用。

（2）进一步掌握酸碱滴定法的实际应用。

（3）了解强酸滴定弱碱时返滴定法的应用和指示剂的选择。

二、实验原理

氨水是弱碱，可用强酸滴定。但由于氨易于挥发，故常采用返滴定法，即先加入过量的 HCl 标准溶液，使氨先与 HCl 作用，生成相对稳定的 NH_4Cl，反应为：

$$HCl(过量)+NH_3 \cdot H_2O \longrightarrow NH_4Cl+H_2O$$

然后再用 NaOH 标准溶液滴定剩余的 HCl，滴定反应为：

$$HCl(剩余)+NaOH \longrightarrow NaCl+ H_2O$$

返滴定法测定氨水中氨含量的滴定反应虽是强碱滴定强酸，但由于溶液中存在 NH_4Cl，化学计量点时溶液中含 NH_4Cl 和 NaCl，pH 约为 5.3（请计算），故应选用甲基红指示剂。

三、仪器与试剂

（1）仪器　50mL 酸式和碱式滴定管、250mL 容量瓶、20mL 移液管、25mL 移液管、250mL 锥形瓶、洗瓶。

（2）试剂　0.1% 甲基红指示剂、约 $0.1mol \cdot L^{-1}$ 的酸、碱标准溶液、约 $1mol \cdot L^{-1}$ 的未知浓度氨水试液。

四、实验步骤

1. 容量瓶和移液管的洗涤、正确使用

见"容量瓶和移液管的使用"。

2. 稀释

用 25mL 移液管移取未知浓度氨水试液 25.00mL 到 250mL 容量瓶中，稀释、定容、摇匀。

3. 测定

读取初读数，从酸式滴定管中慢慢放出约 40mL 盐酸标准溶液于 250mL 锥形瓶中，然后用已洗干净的 20mL 移液管从容量瓶中移取已稀释的氨水，放入已盛有盐酸的锥形瓶中，加入 4~8 滴甲基红指示剂，用 NaOH 标准溶液滴定剩余的 HCl，注意观察终点前后的颜色变化，至溶液由红变橙色为止，读取终读数并记录。

重复以上测定 2 次，计算所给氨水试液中氨的含量

五、实验数据记录及数据处理

氨水试液中氨的含量用 $\rho(NH_3)$［以 $g \cdot (100mL)^{-1}$ 为单位］表示为：

$$\rho(NH_3)=\frac{[c(HCl)V(HCl)-c(NaOH)V(NaOH)]M(NH_3)/1000}{25.00mL \times \dfrac{20.00mL}{250.0mL}} \times 100$$

3 次平行测定的相对平均偏差要求小于 0.2%。

次数 记录项目	Ⅰ	Ⅱ	Ⅲ
$\overline{c}(HCl)/mol \cdot L^{-1}$			
$\overline{c}(NaOH)/mol \cdot L^{-1}$			
$V(NH_3 \cdot H_2O)/mL$			
$V(HCl)$终读数/mL			
$V(HCl)$初读数/mL			

续表

次数 记录项目	Ⅰ	Ⅱ	Ⅲ
$V(\text{HCl})/\text{mL}$			
$V(\text{NaOH})$终读数$/\text{mL}$			
$V(\text{NaOH})$初读数$/\text{mL}$			
$V(\text{NaOH})/\text{mL}$			
$\rho(\text{NH}_3)/\text{g}\cdot(100\text{mL})^{-1}$			
$\overline{\rho}(\text{NH}_3)/\text{g}\cdot(100\text{mL})^{-1}$			
个别测定值的绝对偏差			
平均偏差			
相对平均偏差/%			

六、注意事项

（1）取样后应立即分析，以免样品挥发致使结果偏低。

（2）此样品分析操作最好在通风橱内进行或打开通风设备。

（3）滴定时应快滴慢摇。

七、思考题

（1）实验为什么选用甲基红作为指示剂？

（2）为什么在本实验中要采用返滴定法？

（3）实验中为什么先加盐酸标准溶液后移入氨水？

实验 4.14　混合碱的测定

一、实验目的

（1）掌握双指示剂法测定食碱中 Na_2CO_3、$NaHCO_3$ 含量的原理和方法。

（2）掌握双指示剂法确定滴定终点的方法。

二、实验原理

食碱的主要成分为 $NaHCO_3$，但常含有一定量的 Na_2CO_3，如要分别测定它们的含量，可用双指示剂连续滴定法，也就是同一份样品，在滴定中用两种指示剂来指示两个不同的终点。由于 Na_2CO_3 的碱性比 $NaHCO_3$ 强，所以在它们的混合液中，用 HCl 滴定时，首先是与 Na_2CO_3 中和，只有当 Na_2CO_3 完全变为 $NaHCO_3$ 时，才进一步和 $NaHCO_3$ 作用。因此可以先用酚酞为指示剂，用 HCl 滴定至 Na_2CO_3 完全生成 $NaHCO_3$（第一化学计量点）以测定 Na_2CO_3；再以甲基橙为指示剂，继续滴定至 $NaHCO_3$ 变为 CO_2（第二化学计量点）。

用 HCl 溶液滴定 Na_2CO_3 时，其反应包括以下两步：

$$Na_2CO_3 + HCl \longrightarrow NaHCO_3 + NaCl$$

$$NaHCO_3 + HCl \longrightarrow NaCl + H_2CO_3$$
$$ \downarrow$$
$$ H_2O + CO_2 \uparrow$$

用示意图分析过程如下：

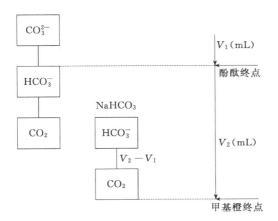

图中 V_1 为 Na_2CO_3 完全转化为 $NaHCO_3$ 所需的 HCl 用量。V_2 为 $NaHCO_3$（包括第一步反应所得的和试样原有的）完全作用生成 CO_2 所需 HCl 用量。食碱的含量可以用"总碱量"来表示。总碱量指包括滴定的 Na_2CO_3 和 $NaHCO_3$，但是都以 Na_2CO_3 表示。这时消耗的 HCl 用量为（V_1+V_2）mL。

三、仪器与试剂

（1）仪器　分析天平、50mL 酸式滴定管、100mL 烧杯、250mL 容量瓶、25mL 移液管、250mL 锥形瓶。

（2）试剂　$0.1mol \cdot L^{-1}$ HCl 标准溶液、0.1％酚酞指示剂、0.1％甲基橙指示剂、装有混合碱样品的称量瓶。

四、实验步骤

（1）准确称取食碱样品约 1.6 g，放入 100mL 烧杯中，加入少许蒸馏水使之溶解，必要时可稍加热促使溶解。待冷却后将溶液全部转移到 250mL 容量瓶中，定容，摇匀。

（2）用移液管吸 25.00mL 上述配制好的食碱试液，置于 250mL 锥形瓶中，加入 1～2 滴酚酞指示剂，用 $0.1mol \cdot L^{-1}$ HCl 标准溶液滴定至红色刚好消失，记录 HCl 用量 V_1。

（3）再加入 1～2 滴甲基橙指示剂，用 HCl 继续滴定到溶液由黄变橙，记录 HCl 用量 V_2。

（4）计算试样中 $w(Na_2CO_3)$、$w(NaHCO_3)$、w（总碱量）。平行测定 3 次。

五、实验数据记录及数据处理

数据处理结果用公式表示为：

$$w(Na_2CO_3) = \frac{2 \times \frac{1}{2}V_1 c(HCl)M(Na_2CO_3)}{m_s \times \frac{25.00mL}{250.0mL} \times 1000} \times 100\%$$

$$\omega(NaHCO_3) = \frac{(V_2-V_1)c(HCl)M(NaHCO_3)}{m_s \times \frac{25.00mL}{250.0mL} \times 1000} \times 100\%$$

以 Na_2CO_3 表示的总碱量按下式计算：

$$\omega(总碱量) = \frac{\frac{1}{2}(V_2+V_1)c(HCl)M(Na_2CO_3)}{m_s \times \frac{25.00mL}{250.0mL} \times 1000} \times 100\%$$

第 **4** 章　基/础/实/验

式中　　　　m_s——食碱样品的质量，g；

　　　　$c(HCl)$——HCl 标准溶液浓度，$mol \cdot L^{-1}$；

　　　　V_1——酚酞为指示剂时，滴定消耗的 HCl 标准溶液体积，mL；

　　　　V_2——甲基橙为指示剂时，滴定消耗的 HCl 标准溶液体积，mL；

　　$M(Na_2CO_3)$——Na_2CO_3 的摩尔质量，$g \cdot mol^{-1}$；

　　$M(NaHCO_3)$——$NaHCO_3$ 摩尔质量，$g \cdot mol^{-1}$。

次数 项目	I	II	III
$c(HCl)/mol \cdot L^{-1}$			
V(混合碱)/mL			
$V(HCl)$第一终点读数/mL			
$V(HCl)$初读数/mL			
$V_1(HCl)$/mL			
$\omega(Na_2CO_3)/\%$			
$\bar{\omega}(Na_2CO_3)/\%$			
个别测定值的绝对偏差			
平均偏差			
相对平均偏差/%			
$V(HCl)$第二终点读数/mL			
$V(HCl)$初读数/mL			
$V_2(HCl)$/mL			
$\omega(NaHCO_3)/\%$			
$\bar{\omega}(NaHCO_3)/\%$			
个别测定值的绝对偏差			
平均偏差			
相对平均偏差/%			
ω(总碱量)/%			

六、注意事项

（1）混合碱系 NaOH 和 Na_2CO_3 组成时，酚酞指示剂可适当多加几滴，否则常因滴定不完全使 NaOH 的测定结果偏低，Na_2CO_3 的测定结果偏高。

（2）最好用 $NaHCO_3$ 的酚酞溶液（浓度相当）作对照。在达到第一终点前，不要因为滴定速度过快，造成溶液中 HCl 局部过浓，引起 CO_2 的损失，带来较大的误差，滴定速度也不能太慢，摇动要均匀。

（3）近终点时，一定要充分摇动，以防形成 CO_2 的过饱和溶液而使终点提前到达。

七、思考题

（1）第一化学计量点到达后，记录下 V_1，此时应将滴定管重新加满还是继续滴定下去？

（2）试解释 3 个计算式的含义？

实验 4.15　EDTA 标准溶液的配制和标定

一、实验目的
(1) 学习 EDTA 标准溶液的配制和标定方法。
(2) 掌握配位滴定的原理，了解配位滴定的特点。
(3) 熟悉钙指示剂或二甲酚橙指示剂的使用。

二、实验原理
乙二胺四乙酸（简称 EDTA，常用 H_4Y 表示）难溶于水，常温下其溶解度为 $0.2g \cdot L^{-1}$，在化学分析中通常使用其二钠盐配制标准溶液。乙二胺四乙酸二钠盐的溶解度为 $111g \cdot L^{-1}$，可配成 $0.3mol \cdot L^{-1}$ 的溶液，其水溶液的 $pH \approx 4.8$，通常采用间接法配制标准溶液。

标定 EDTA 溶液常用的基准物有 Zn、ZnO、$CaCO_3$、Bi、Cu、$MgSO_4 \cdot 7H_2O$、Hg、Ni、Pb 等。通常选用其中与被测物组分相同的物质作基准物，使滴定条件较一致，以减小误差。

EDTA 溶液若用于测定石灰石或白云石中 CaO、MgO 的含量，则宜用 $CaCO_3$ 为基准物。首先可加 HCl 溶液，其反应如下：

$$CaCO_3 + 2HCl \longrightarrow CaCl_2 + CO_2 \uparrow + H_2O$$

然后把溶液转移到容量瓶中并稀释，制成钙标准溶液。吸取一定量钙标准溶液，调节酸碱度至 $pH \geqslant 12.0$，加钙指示剂，用 EDTA 溶液滴定至溶液由酒红色变纯蓝色，即为终点。

钙指示剂（常以 H_3Ind 表示）在水溶液的解离式

$$H_3Ind \Longrightarrow 2H^+ + HInd^{2-}$$

在 $pH \geqslant 12.0$ 的溶液中，$HInd^{2-}$ 与 Ca^{2+} 形成比较稳定的配离子，其反应如下

$$HInd^{2-} + Ca^{2+} \longrightarrow CaInd^- + H^+$$
$$\text{纯蓝色} \qquad\qquad \text{酒红色}$$

所以在钙标准溶液中加入钙指示剂时呈酒红色。当用 EDTA 溶液滴定时，由于 EDTA 能与 Ca^{2+} 形成比 $CaInd^-$ 配离子更稳定的配离子，因此在滴定终点附近，$CaInd^-$ 配离子不断转化为较稳定的 CaY^{2-} 配离子，而钙指示剂则被游离出来，其反应可表示如下

$$CaInd^- + H_2Y^{2-} + OH^- \longrightarrow CaY^{2-} + HInd^{2-} + H_2O$$
$$\text{酒红色} \qquad\qquad\qquad \text{无色} \quad \text{纯蓝色}$$

用此法测定钙，若 Mg^{2+} 共存 [在调节溶液酸度为 $pH \geqslant 12.0$ 时，Mg^{2+} 将形成 $Mg(OH)_2$ 沉淀]，Mg^{2+} 不仅不干扰钙的测定，而且使终点比 Ca^{2+} 单独存在时更敏锐。当 Ca^{2+}、Mg^{2+} 共存时，终点由酒红色到纯蓝色，当 Ca^{2+} 单独存在时则由酒红色到紫蓝色。所以测定单独存在的 Ca^{2+} 时，常常加入少量 Mg^{2+}。

EDTA 溶液若用于测定 Pb^{2+}、Bi^{3+}，则宜以 ZnO 或金属锌为基准物，以二甲酚橙为指示剂。在 $pH \approx 5.0 \sim 6.0$ 的溶液中，二甲酚橙指示剂本身显黄色，与 Zn^{2+} 的配合物呈紫红色。EDTA 与 Zn^{2+} 形成更稳定的配合物，因此用 EDTA 溶液滴定至近终点时，二甲酚橙被游离出来，溶液由紫红色变为黄色。

配位滴定中所用的水，应不含 Fe^{3+}、Al^{3+}、Cu^{2+}、Ca^{2+}、Mg^{2+} 等杂质离子。

三、仪器与试剂

（1）仪器　电子天平、50mL 酸式或碱式滴定管、250mL 容量瓶、25mL 移液管、250mL 锥形瓶、500mL 试剂瓶、20mL 量筒、托盘天平。

（2）试剂

① 以 $CaCO_3$ 为基准物时所用试剂　乙二胺四乙酸二钠（A.R.）、$CaCO_3$（G.R. 或 A.R.）、HCl（1∶1）、$NH_3·H_2O$（1∶1）、镁溶液（溶解 $1gMgSO_4·7H_2O$ 于水中，稀释至 200mL）、10%NaOH 溶液、钙指示剂（固体指示剂）。

② 以 ZnO 为基准物时所用试剂　ZnO（G.R. 或 A.R.）、HCl 溶液（1∶1）、$NH_3·H_2O$ 溶液（1∶1）、二甲酚橙指示剂、20%六亚甲基四胺溶液。

四、实验步骤

1.0.005mol·L^{-1} EDTA 溶液的配制

在托盘天平上称取乙二胺四乙酸二钠 0.95g，溶解于 150～200mL 温水中，稀释至 500mL，如浑浊，应过滤。转移至 500mL 试剂瓶中，摇匀。

2. 以 $CaCO_3$ 为基准物标定 EDTA 溶液

（1）0.005mol·L^{-1} 钙标准溶液的配制　置碳酸钙基准物于称量瓶中，在 110℃ 干燥 2h，于干燥器中冷却后，准确称取 0.12～0.14g（称准至小数点后第四位，为什么？）于小烧杯中，盖以表面皿，加水湿润，再从杯嘴边逐滴加入（注意！为什么？）❶ 数毫升 1∶1HCl 至完全溶解，用水把可能溅到表面皿上的溶液淋洗入杯中，加热近沸，待冷却后移入 250mL 容量瓶中，稀释至刻度，摇匀。

（2）标定　用移液管移取 25mL 钙标准溶液，置于锥形瓶中，加入约 25mL 水、2mL 镁溶液、5mL10%NaOH 溶液、约 10 mg 钙指示剂，摇匀后，用 EDTA 溶液滴定至由红色变蓝色，即为终点。

3. 以 ZnO 为基准物❷标定 EDTA 溶液

（1）0.005mol·L^{-1} 锌标准溶液的配制　准确称取在 800～1000℃ 灼烧过（需 20min 以上）的基准物 ZnO❸0.1 g 于 100mL 烧杯，用少量水润湿，然后逐滴加入 1∶1 HCl，边加入边搅至完全溶解为止。然后，将溶液定量转移入 250mL 容量瓶中，稀释至刻度并摇匀。

（2）标定　准确移取 25mL 锌标准溶液于 250mL 锥形瓶中，加约 30mL 水，2～3 滴二甲酚橙指示剂，先加 1∶1 氨水至溶液由黄色刚变橙色（不能多加），然后滴加 20%六亚甲基四胺至溶液呈稳定的紫红色后再多加 3mL❹，用 EDTA 溶液滴定至溶液由紫红色变亮黄色，即为终点。

五、实验数据记录及数据处理

1. 以 $CaCO_3$ 为基准物标定 EDTA 溶液

---

❶ 目的是为了防止反应过于激烈而产生 CO_2 气泡，使 $CaCO_3$ 飞溅损失。

❷ 根据试样性质，选用一种标定方法。

❸ 也可用金属锌作基准物。

❹ 此处六亚甲基四胺用作缓冲剂。它在酸性溶液中能生成 $(CH_2)_6N_4H^+$，与过量的共轭碱 $(CH_2)_6N_4$ 构成缓冲溶液，从而能使溶液的酸度稳定在 pH5～6 范围内。先加入氨水调节酸度是为了节约六亚甲基四胺，因六亚甲基四胺的价格较昂贵。

次数 记录项目	I	II	III
$\bar{c}$(Ca 标液)/mol·L^{-1}			
V(Ca 标液)/mL			
V(EDTA)终读数/mL			
V(EDTA)初读数/mL			
V(EDTA)/mL			
c(EDTA)/mol·L^{-1}			
$\bar{c}$(EDTA)/mol·L^{-1}			
个别测定值的绝对偏差			
平均偏差			
相对平均偏差/%			

2. 以 ZnO 为基准物标定 EDTA 溶液

次数 记录项目	I	II	III
$\bar{c}$(Zn 标液)/mol·L^{-1}			
V(Zn 标液)/mL			
V(EDTA)终读数/mL			
V(EDTA)初读数/mL			
V(EDTA)/mL			
c(EDTA)/mol·L^{-1}			
$\bar{c}$(EDTA)/mol·L^{-1}			
个别测定值的绝对偏差			
平均偏差			
相对平均偏差/%			

六、注意事项

（1）EDTA 溶液呈弱酸性，可选用酸式滴定管或碱式滴定管。

（2）配位反应进行的速率较慢（不像酸碱反应能在瞬间完成），故滴定时加入 EDTA 溶液的速度不能太快，在室温低时，尤要注意。特别是近终点时，应逐滴加入，并充分振摇。

（3）配位滴定中，加入指示剂的量是否适当对于终点的观察十分重要，宜在实践中总结经验，加以掌握。

七、思考题

（1）为什么通常使用乙二胺四乙酸二钠盐配制 EDTA 标准溶液，而不用乙二胺四乙酸？

（2）用 HCl 溶液溶解 CaCO$_3$ 基准物的操作中应注意什么？

（3）以 CaCO$_3$ 为基准物标定 EDTA 溶液时，加入镁溶液的目的是什么？

（4）以 CaCO$_3$ 为基准物，以钙指示剂为指示剂标定 EDTA 溶液浓度时，应控制溶液的酸度为多少？为什么？怎样控制？

（5）以 ZnO 为基准物，以二甲酚橙为指示剂标定 EDTA 溶液浓度的原理是什么？溶液的 pH 应控制在什么范围？若溶液为强酸性，应怎样调节？

第 **4** 章 基/础/实/验

◀◀◀ **077**

(6) 配位滴定法与酸碱滴定法相比，有哪些不同点？操作中应注意哪些问题？

实验 4.16 水的硬度测定（配位滴定法）

一、实验目的
(1) 了解水硬度的测定意义和常用的硬度表示方法。
(2) 掌握 EDTA 法测定水硬度的原理和方法。
(3) 掌握铬黑 T 和钙指示剂的应用，了解金属指示剂的特点。

二、实验原理
一般含有钙、镁盐类的水叫硬水（硬水和软水尚无明确的界限，硬度小于 5°、6° 的，一般可认为软水）。硬度有暂时硬度和永久硬度之分。

暂时硬度——水中含有钙、镁的酸式碳酸盐，遇热即生成碳酸盐沉淀而失去硬性。其反应如下

$$Ca(HCO_3)_2 \xrightarrow{\triangle} CaCO_3（完全沉淀）+ H_2O + CO_2 \uparrow$$

$$Mg(HCO_3)_2 \xrightarrow{\triangle} MgCO_3（不完全沉淀）+ H_2O + CO_2 \uparrow$$

$$\left| \begin{array}{l} H_2O \\ \longrightarrow Mg(OH)_2 \downarrow + CO_2 \uparrow \end{array} \right.$$

永久硬度——水中含有钙、镁的硫酸盐、氯化物、硝酸盐，在加热时亦不沉淀（但在锅炉运行温度下，溶解度低的可析出而成为锅垢）。

暂时硬度和永久硬度的总和称为"总硬"。由镁离子形成的硬度称为"镁硬"，由钙离子形成的硬度称为"钙硬"。

水中钙、镁离子含量，用 EDTA 法测定。钙硬测定原理与以 $CaCO_3$ 为基准物标定 EDTA 标准溶液浓度相同。总硬则以铬黑 T 为指示剂，控制溶液的酸度为 pH≈10.0，以 EDTA 标准溶液滴定，根据 EDTA 溶液的浓度和用量，可算出水的总硬，而总硬减去钙硬即为镁硬。

水的硬度是将水中的 Ca^{2+}、Mg^{2+} 都折算成 CaO，每升水中含 10 mg CaO 为 1 度（°）。

$$硬度/(°) = \frac{c(EDTA)V(EDTA)M(CaO)}{V(H_2O) \times 10mg} \times 1000$$

式中 $c(EDTA)$——EDTA 标准溶液的浓度，mol·L^{-1}；

$V(EDTA)$——滴定时用去的 EDTA 标准溶液的体积，mL，若此量为滴定总硬时所耗用的，则所得硬度为总硬；若此量为滴定钙硬时所耗用的，则所得硬度为钙硬；

$V(H_2O)$——水样体积，mL；

$M(CaO)$——CaO 的摩尔质量，g·mol^{-1}。

三、仪器与试剂
(1) 仪器 50mL 碱式或酸式滴定管、100mL 移液管、250mL 锥形瓶、10mL 量筒。
(2) 试剂 0.005mol·L^{-1} EDTA 标准溶液、NH$_3$-NH$_4$Cl 缓冲溶液（pH≈10.0）、10% NaOH 溶液、钙指示剂、铬黑 T 指示剂。

四、实验步骤

1. 总硬的测定

移取澄清的水样 100mL[①]（用什么量器？为什么？）放入 250mL 锥形瓶中，加入 5mL NH₃-NH₄Cl 缓冲液[②]，摇匀。再加入少许铬黑 T 固体指示剂，再摇匀，此时溶液呈酒红色，以 0.005mol·L⁻¹ EDTA 标准溶液滴定至纯蓝色，即为终点。记录 EDTA 标准溶液的用量。平行测定 3 次，要求平均偏差≤0.2%。

2. 钙硬的测定

移取澄清的水样 100mL，放入 250mL 锥形瓶中，加 4mL 10% NaOH 溶液，摇匀，再加入少许钙指示剂，再摇匀。此时溶液呈淡红色。用 0.005mol·L⁻¹ EDTA 标准溶液滴定至纯蓝色，即为终点。记录 EDTA 标准溶液的用量。平行测定 3 次，要求平均偏差≤0.2%。

3. 镁硬的测定

由总硬减去钙硬即得镁硬。

五、实验数据记录及数据处理

项目 \ 次数		I	II	III
总硬测定	V(EDTA)终读数/mL			
	V(EDTA)初读数/mL			
	V_1(EDTA)/mL			
	总硬/(°)			
	总硬平均值/(°)			
	个别测定值的绝对偏差			
	平均偏差			
	相对平均偏差%			
钙硬测定	V(EDTA)终读数/mL			
	V(EDTA)初读数/mL			
	V_2(EDTA)/mL			
	钙硬/(°)			
	钙硬平均值/(°)			
	个别测定值的绝对偏差			
	平均偏差			
	相对平均偏差%			
镁硬/(°)				

---

❶ 此取样量仅适于硬度按 $CaCO_3$ 计算 1°～25°的水样。若硬度大于 25°$CaCO_3$，则取样量应相应减少。相同水样，若按 CaO 计算，则其硬度（°）为按 $CaCO_3$ 计算时的 56%。

若水样不是澄清的，必须过滤。过滤所用的仪器和滤纸必须是干燥的。最初和最后的滤液宜弃去。非属必要，一般不用纯水稀释水样。

如果水中有铜、锌、锰等离子存在，则会影响测定结果。铜离子存在时会使滴定终点不明显；锌离子参与反应，使结果偏高；锰离子存在时，加入指示剂后马上变成灰色，影响滴定。遇此情况，可在水样中加入 1mL 2% Na_2S 溶液，使铜离子成 CuS 沉淀；锰的影响可借加盐酸羟胺溶液消除。若有 Fe^{3+}、Al^{3+} 存在，可用三乙醇胺掩蔽。

❷ 硬度较大的水样，在加缓冲液后常析出 $CaCO_3$、$(MgOH)_2CO_3$ 微粒，使滴定终点不稳定。遇此情况，可于水样中加适量稀 HCl 溶液，振摇后，再调至中性，然后加缓冲液，则终点稳定。

六、注意事项

（1）若去离子水中 Ca^{2+}，Mg^{2+} 含量较高，不能使用去离子水配溶液和进行半滴操作。

（2）配位反应较慢，在接近滴定终点时，应慢慢滴入，并充分振荡，可每加一滴，就振荡几下。

七、思考题

（1）如果对硬度测定中的数据要求保留两位有效数字，应如何量取 100mL 水样？

（2）怎样用 EDTA 法测出水的总硬度？用什么指示剂？产生什么反应？终点如何变色？试液 pH 应控制在什么范围？如何控制？如何测定钙硬？

（3）如何得到镁硬？

（4）用 EDTA 法测定水的硬度时，哪些离子的存在有干扰？如何消除？

（5）本实验滴定速度如何控制？为什么？

实验 4.17 KMnO₄ 标准溶液的配制与标定

一、实验目的

（1）了解高锰酸钾标准溶液的配制方法和保存条件。

（2）掌握用 $Na_2C_2O_4$ 作基准物标定高锰酸钾溶液浓度的原理、方法及滴定条件。

二、实验原理

$KMnO_4$ 是氧化还原滴定中最常用的氧化剂之一。市售的 $KMnO_4$ 常含有少量杂质，如 MnO_2、硫酸盐、氯化物及硝酸盐等，因此 $KMnO_4$ 是不能用直接法配制标准溶液的试剂之一。$KMnO_4$ 氧化能力强，易和水中的有机物、空气中的尘埃等还原性物质作用；$KMnO_4$ 能自行分解为：

$$4KMnO_4 + 2H_2O \longrightarrow 4MnO_2\downarrow + 4KOH + 3O_2\uparrow$$

其分解的速率随溶液的 pH 而改变，在中性溶液中，分解很慢，Mn^{2+} 和 MnO_2 的存在能加速其分解，见光则分解得更快。通常配制的 $KMnO_4$ 溶液要在暗处保存数天，待 $KMnO_4$ 把还原性杂质充分氧化后，除去生成的 MnO_2 沉淀，然后通过标定求出溶液的准确浓度。标定好的 $KMnO_4$ 溶液如需长期使用，则应定期重新标定。

标定 $KMnO_4$ 标准溶液的基准物质有 $Na_2C_2O_4$、$H_2C_2O_4 \cdot 2H_2O$、$FeSO_4 \cdot 7H_2O$、$(NH_4)_2Fe(SO_4)_2 \cdot 6H_2O$ 等。其中 $Na_2C_2O_4$ 不含结晶水，容易提纯，没有吸湿性，因此是常用的基准物质。

在 H_2SO_4 溶液中，$KMnO_4$ 和 $Na_2C_2O_4$ 的反应式为：

$$2MnO_4^- + 5C_2O_4^{2-} + 16H^+ \longrightarrow 10CO_2\uparrow + 2Mn^{2+} + 8H_2O$$

氧化还原反应速率受酸度、温度、滴定速度及催化剂等因素影响，因此在滴定过程中需注意控制好酸度、温度和滴定速度。用基准物质标定 $KMnO_4$ 标准溶液时，无须外加指示剂，MnO_4^- 为紫色，Mn^{2+} 为肉色，因此可利用 $KMnO_4$ 本身的颜色指示滴定终点。

三、仪器与试剂

（1）仪器 电子天平、托盘天平、50mL 酸式滴定管、250mL 烧杯、500mL 棕色试剂瓶、10mL 量筒、250mL 锥形瓶、酒精灯。

（2）试剂 $KMnO_4(s)$、$Na_2C_2O_4$（A.R.）、$3mol \cdot L^{-1}$ H_2SO_4。

四、实验步骤

1. $0.02mol \cdot L^{-1}$高锰酸钾标准溶液的配制

在托盘天平上称取 $1.0g$ $KMnO_4$，放入 $250mL$ 烧杯内，用水分数次溶解，每次加水 $30mL$，充分搅拌后，将上层清液倒入洁净的棕色试剂瓶，然后用另一份水溶解遗留在杯中的 $KMnO_4$ 固体，重复以上操作，直至 $KMnO_4$ 全部溶解。用蒸馏水稀释至 $300mL$，摇匀、塞紧，贴上标签。静置一周后，通过玻璃棉或砂芯漏斗过滤除去沉淀物，溶液收集于棕色试剂瓶中。

2. $0.02mol \cdot L^{-1}$高锰酸钾标准溶液的标定

用减量法准确称取已于 $110℃$ 烘干的 $Na_2C_2O_4$ $0.14 \sim 0.20$ g 3份，分别装入 $250mL$ 锥形瓶中。加入新煮沸过的蒸馏水 $40mL$ 使之溶解，再加入 $3mol \cdot L^{-1}$ H_2SO_4 $10mL$，加热到 $70 \sim 80℃$（以冒较多蒸汽为准），立即用 $KMnO_4$ 滴定。滴定时，先加入一滴 $KMnO_4$，摇动溶液，待红色褪去后，再继续滴定。随着反应速率的加快，可逐渐加快滴定速度，快到终点时应逐滴加入，至滴入一滴 $KMnO_4$ 溶液（最好半滴）摇匀后微红色 $30s$ 不褪去时，读终读数，记录 $KMnO_4$ 溶液的用量。平行滴定 3 份，要求平均偏差 $\leqslant 0.2\%$。

五、实验数据记录及数据处理

$KMnO_4$ 标准溶液的浓度可按下式计算：

$$c(KMnO_4)/mol \cdot L^{-1} = \frac{2}{5} \times \frac{m(Na_2C_2O_4)}{M(Na_2C_2O_4) \times \dfrac{V(KMnO_4)}{1000}}$$

项目 次数	Ⅰ	Ⅱ	Ⅲ
称量瓶＋ $Na_2C_2O_4$（后）/g			
称量瓶＋ $Na_2C_2O_4$（前）/g			
$Na_2C_2O_4$ 的质量/g			
$V(KMnO_4)$终读数/mL			
$V(KMnO_4)$初读数/mL			
$V(KMnO_4)$/mL			
$c(KMnO_4)/mol \cdot L^{-1}$			
$\overline{c}(KMnO_4)/mol \cdot L^{-1}$			
个别测定值的绝对偏差			
平均偏差			
相对平均偏差/%			

六、注意事项

（1）滴定完成时，溶液温度应不低于 $55℃$，否则反应速率慢而影响终点的观察与准确性，操作中不要直火加热或使溶液温度过高，以免 $H_2C_2O_4$ 分解。

（2）滴定时反应较慢，所以缓慢滴加，待溶液中产生了 Mn^{2+} 后，由于 Mn^{2+} 对反应的催化作用，使反应速率加快，这时滴定速度可加快，但注意仍不能过快。否则来不及反应的 $KMnO_4$ 在热的酸性溶液中易分解。近终点时，反应物浓度降低，反应速率也随之变慢，须小心缓慢滴入。

（3）$KMnO_4$ 溶液受热或受光照将发生分解，分解产生的 MnO_2 会加速此分解反应，因此配好的溶液应贮存于棕色瓶中，并置于冷暗处保存。

（4）$KMnO_4$ 在酸性介质中是强氧化剂，滴定到达终点的粉红色溶液在空气中放置时，由于和空气中的还原性气体和灰尘作用而逐渐褪色。

七、思考题

（1）影响氧化还原反应速率的因素有哪些？在滴定中如何控制？

（2）本实验控制酸度时能否用 HCl 或 HNO_3 代替 H_2SO_4？为什么？

（3）本实验滴定速度为何按"慢→快→慢"控制？

实验 4.18 过氧化氢含量的测定（高锰酸钾法）

一、实验目的

（1）熟练掌握容量瓶、移液管的操作使用。

（2）进一步掌握氧化还原滴定法的实际应用。

（3）掌握 $KMnO_4$ 法测定过氧化氢含量的原理和方法。

二、实验原理

H_2O_2 又称为双氧水，具有杀菌、消毒、漂白作用，市售 H_2O_2 含量一般为 30%。在实验室中常将 H_2O_2 装在塑料瓶内，置于阴暗处。它在酸性溶液中很容易被 $KMnO_4$ 氧化生成游离的氧和水，其反应式如下

$$2MnO_4^- + 5H_2O_2 + 6H^+ \longrightarrow 2Mn^{2+} + 5O_2\uparrow + 8H_2O$$

因此，测定过氧化氢时，可用高锰酸钾溶液作滴定剂，根据微过量的高锰酸钾本身的紫红色指示滴定终点。

在生物化学中常用此法间接测定过氧化氢酶的含量。过氧化氢酶能使过氧化氢分解，故可以用适量的 H_2O_2 和过氧化氢酶发生作用，在酸性条件下用标准 $KMnO_4$ 溶液滴定残余的 H_2O_2，可求得过氧化氢酶的含量。

三、仪器与试剂

（1）仪器 50mL 酸式滴定管、25mL 移液管、250mL 容量瓶、10mL 量筒、250mL 锥形瓶。

（2）试剂 $0.02mol \cdot L^{-1}$ $KMnO_4$ 标准溶液、$3mol \cdot L^{-1}$ H_2SO_4、3% H_2O_2。

四、实验步骤

1. 稀释

用移液管吸取 10.00mL H_2O_2 试样，置于 250mL 容量瓶中，稀释至刻度，充分摇匀，待用。

2. 滴定

准确吸取稀释后的 H_2O_2 25.00mL 于 250mL 锥形瓶中，加入 $3mol \cdot L^{-1}$ H_2SO_4 10mL，用蒸馏水稀释至 50mL。用 $KMnO_4$ 标准溶液滴定，至溶液呈浅红色且 30s 内不褪色即为终点。平行测定 3 次。

五、实验数据记录及数据处理

双氧水中的 H_2O_2 含量用 $\rho(H_2O_2)$[以 $g \cdot (100mL)^{-1}$ 为单位]表示。

$$\rho(H_2O_2) = \frac{\frac{5}{2}c(KMnO_4)V(KMnO_4)M(H_2O_2) \times 10^{-3}}{25.00\text{mL} \times \frac{10.00\text{mL}}{250.0\text{mL}}} \times 100$$

次数 项目	I	II	III
$c(KMnO_4)/\text{mol} \cdot L^{-1}$			
$V(H_2O_2)/\text{mL}$			
$V(KMnO_4)$终读数/mL			
$V(KMnO_4)$初读数/mL			
$V(KMnO_4)/\text{mL}$			
$\rho(H_2O_2)/\text{g} \cdot (100\text{mL})^{-1}$			
$\overline{\rho}(H_2O_2)/\text{g} \cdot (100\text{mL})^{-1}$			
个别测定值的绝对偏差			
平均偏差			
相对平均偏差/%			

六、注意事项

(1) 滴定 H_2O_2 不需要加热，因过氧化氢易分解。

(2) 严格控制滴定速度，慢—快—慢，开始反应慢，第一滴红色消失后加第二滴，此后反应加快时可以快滴，但仍是逐滴加入，防止 $KMnO_4$ 过量分解造成误差，滴定至颜色褪去较慢时再放慢速度。

七、思考题

(1) 用 $KMnO_4$ 法测定 H_2O_2 含量时，能否用 HNO_3、HCl 或 HAc 控制酸度？

(2) 为什么不直接移取试样 1mL 进行测定，而要将试样稀释 25 倍后再移取 25mL 进行测定？这样做的目的是什么？

(3) $KMnO_4$ 溶液装在滴定管中读数时应注意什么？为什么？

实验 4.19 高锰酸钾法测定钙含量

一、实验目的

(1) 学习各种基本操作，如称量、沉淀、过滤、洗涤、溶解和滴定等技术。

(2) 了解用高锰酸钾法测定钙盐中钙含量的基本原理和方法。

二、实验原理

测定钙的方法很多，快速的方法是配位测定法，较精确的方法是本实验采用的高锰酸钾法。$C_2O_4^{2-}$ 和 Ca^{2+} 生成 CaC_2O_4 白色晶形沉淀，其反应如下

$$Ca^{2+} + C_2O_4^{2-} \longrightarrow CaC_2O_4 \downarrow$$

再将沉淀过滤洗净后，用酸溶解成 $H_2C_2O_4$

$$CaC_2O_4 + 2H^+ \longrightarrow Ca^{2+} + H_2C_2O_4$$

最后，用 $KMnO_4$ 标准溶液滴定生成的 $H_2C_2O_4$

$$2MnO_4^- + 5H_2C_2O_4 + 6H^+ \longrightarrow 2Mn^{2+} + 10CO_2 \uparrow + 8H_2O$$

滴定到溶液呈微红色，即为终点。为了加快反应速率，滴定一般在 70~80℃ 之间进行，若温度高于 90℃ 会使部分 $H_2C_2O_4$ 分解。

若试样中含酸不溶物较少，此法一般用酸溶解。Fe^{3+}、Al^{3+} 可用柠檬酸铵掩蔽。

CaC_2O_4 是弱酸盐沉淀，其溶解度随溶液的酸度增大而增加。在 pH＝4.0 左右时，CaC_2O_4 的溶解损失可以忽略。一般采用在酸性介质中加入 $(NH_4)_2C_2O_4$，再滴加氨水逐渐中和溶液中的 H^+，使 $c(C_2O_4^{2-})$ 缓缓增大，沉淀缓慢形成。最后控制溶液 pH 在 3.5~4.5，使沉淀完全，又不至于生成 $Ca(OH)_2$ 或 $Ca_2(OH)_2C_2O_4$ 沉淀，获得组成一定、颗粒粗大而纯净的 CaC_2O_4 沉淀，沉淀经处理后，用 $KMnO_4$ 标准溶液滴定。

三、仪器与试剂

（1）仪器　电子天平、50mL 酸式滴定管、50mL 移液管、250mL 和 400mL 烧杯、10mL 和 100mL 量筒、可控温电炉、玻璃砂芯漏斗（4 号，25~30mL）、表面皿、250mL 容量瓶。

（2）试剂　石灰石、$6mol \cdot L^{-1}$ HCl 溶液、10％柠檬酸铵溶液、甲基橙指示剂、$0.25mol \cdot L^{-1}(NH_4)_2C_2O_4$ 溶液、$3mol \cdot L^{-1} NH_3 \cdot H_2O$、0.1％$(NH_4)_2C_2O_4$ 溶液、$3mol \cdot L^{-1} H_2SO_4$ 溶液、$0.1mol \cdot L^{-1} AgNO_3$ 溶液、$0.02mol \cdot L^{-1} KMnO_4$ 标准溶液。

四、实验步骤

准确称取石灰石试样 0.5~1g，置于 250mL 烧杯中，滴加少量水使试样湿润❶，盖上表面皿，从烧杯尖嘴处小心缓慢地滴加 $6mol \cdot L^{-1}$ HCl 溶液 10mL，同时不断摇动烧杯，使其溶解。待停止发泡后，小心加热煮沸 2min，冷却后，仔细将全部物质转入 250mL 容量瓶中，加水至刻度，摇匀，静置使其中酸不溶物沉降（也可以称取 0.1~0.2g 试样，滴加 $6mol \cdot L^{-1}$ HCl 溶液 7~8mL，得到的溶液不再加 HCl 溶液，直接按下述条件沉淀 CaC_2O_4）。

准确吸取 50mL 清液（必要时将溶液过滤到干烧杯中后再吸取）2 份，分别放入 400mL 烧杯，加入 5mL10％柠檬酸铵溶液❷和 120mL 水，加入甲基橙指示剂 2 滴，加 $6mol \cdot L^{-1}$ HCl 溶液 5~10mL 至溶液显红色❸，加入 15~20mL $0.25mol \cdot L^{-1}$ $(NH_4)_2C_2O_4$ 溶液。若此时有沉淀生成，应在搅拌下滴加 $6mol \cdot L^{-1}$ HCl 溶液至沉淀溶解，注意勿多加。加热至 70~80℃，在不断搅拌下以每秒 1~2 滴的速度滴加 $3mol \cdot L^{-1}$ $NH_3 \cdot H_2O$ 至溶液由红色变为橙黄色❹，继续保温约 30min❺并随时搅拌放置冷却，这时 CaC_2O_4 沉淀缓缓生成。

用中速滤纸（或玻璃砂芯漏斗）以倾泻法过滤沉淀。用适量的 0.1％$(NH_4)_2C_2O_4$

---

❶　先用少量水润湿，以免加 HCl 溶液时产生的 CO_2 将试样粉末冲出。

❷　柠檬酸铵配位掩蔽 Fe^{3+} 和 Al^{3+}，以免生成胶体和共沉淀，其用量视铁和铝的含量多少而定。

❸　在酸性溶液中加 $(NH_4)_2C_2O_4$，再调 pH，但盐酸只能稍过量，否则用氨水调 pH 时，用量较大。

❹　调节 pH 至 3.5~4.5，使 CaC_2O_4 沉淀完全，MgC_2O_4 不沉淀。

❺　保温是为了使沉淀陈化。若沉淀完毕后，要放置过夜，则不必保温。但对 Mg 含量高的试样，不宜久放，以免沉淀。

溶液将沉淀洗涤❶3～4次，再用去离子水洗涤至洗液不含 Cl^- 、$C_2O_4^{2-}$ 离子为止❷（接取最后流出的洗液约1mL，加2滴 $0.1mol \cdot L^{-1}$ $AgNO_3$ 检验，无浑浊现象）。

沉淀处理完毕后，取250mL烧杯放在漏斗下，用玻璃棒刺破滤纸底部，加适量去离子水把沉淀洗入烧杯中。再用 $20mL\ 3mol \cdot L^{-1}$ H_2SO_4 溶液洗涤滤纸，把沉淀洗入锥形瓶中。将溶液稀释至100mL加热至70～80℃，立即用 $0.02mol \cdot L^{-1}$ $KMnO_4$ 标准溶液滴定，边滴边搅拌，快到终点时，将滤纸推入烧杯中❸，继续滴定至溶液呈粉红色且30s不褪，即为终点。

根据 $KMnO_4$ 用量和试样质量计算试样钙（或CaO）的质量分数。

五、实验数据记录及数据处理

根据间接滴定中的等物质的量关系，可算出试样中Ca含量。

$$w(Ca) = \frac{\frac{5}{2}c(KMnO_4)V(KMnO_4)M(Ca) \times 10^{-3}}{m_s \times \frac{50.00mL}{250.0mL}} \times 100\%$$

式中，m_s 为石灰石质量，g。

次数 记录项目	I	II	III
$c(KMnO_4)/mol \cdot L^{-1}$			
m_s（石灰石试样）/g			
$V(KMnO_4)$终读数/mL			
$V(KMnO_4)$初读数/mL			
$V(KMnO_4)/mL$			
$w(Ca)/\%$			
$\bar{w}(Ca)/\%$			
个别测定值的绝对偏差			
平均偏差			
相对平均偏差/%			

六、注意事项

（1）过滤时，尽量将沉淀留在器皿中，否则沉淀移到滤纸上会把滤孔堵塞，影响过滤速度。

---

❶ 先用沉淀剂稀溶液洗涤，利用同离子效应，降低沉淀的溶解度，以减小溶解损失，并且洗去大量杂质。

❷ 再用水洗的目的主要是洗去 $C_2O_4^{2-}$。洗至洗液中无 Cl^-，即表示沉淀中杂质已洗净。洗涤时应注意挤水洗去滤纸上部的 $C_2O_4^{2-}$。检查 Cl^- 的方法是滴加 $AgNO_3$ 溶液，根据下述反应来判断

$$Cl^- + Ag^+ \longrightarrow AgCl\downarrow（白）$$

但是 $C_2O_4^{2-}$ 也有类似反应

$$C_2O_4^{2-} + 2Ag^+ \longrightarrow Ag_2C_2O_4\downarrow（白）$$

因此，如果洗液中加入 $AgNO_3$ 溶液，没有沉淀生成，表示 Cl^- 和 $C_2O_4^{2-}$ 都已洗净。如果加入 $AgNO_3$ 溶液，产生白色沉淀或浑浊，则说明有 $C_2O_4^{2-}$ 或 Cl^-；若用稀 HNO_3 溶液酸化，沉淀减少或消失，则 $C_2O_4^{2-}$ 洗净。注意洗涤次数和洗涤体积不可太多。

❸ 在酸性溶液中滤纸消耗 $KMnO_4$；接触时间越长，消耗越多，因此只能在滴定至终点前才能将滤纸推入溶液中。

（2）$KMnO_4$ 标准溶液不稳定，使用时注意浓度变化。

（3）本实验过程长、繁，为使测定结果准确，几份（一般是 2～3 份）沉淀的制作、过滤、洗涤及测定，都应在相同条件下平行操作。

七、思考题

（1）用 $(NH_4)_2C_2O_4$ 沉淀 Ca^{2+} 前，为什么要先加入柠檬酸铵？是否可用其他试剂？

（2）沉淀 CaC_2O_4 时，为什么要先在酸性溶液中加入沉淀剂 $(NH_4)_2C_2O_4$，然后在 70～80℃时滴加氨水至甲基橙变橙黄色而使 CaC_2O_4 沉淀？中和时为什么选用甲基橙指示剂来指示酸度？

（3）洗涤 CaC_2O_4 沉淀时，为什么先要用稀 $(NH_4)_2C_2O_4$ 溶液作洗涤液，然后再用冷水洗？怎样判断 $C_2O_4^{2-}$ 洗净没有？怎样判断 Cl^- 洗净没有？

（4）如果将带有 CaC_2O_4 沉淀的滤纸一起用硫酸处理，再用 $KMnO_4$ 溶液滴定，会产生什么影响？

（5）CaC_2O_4 沉淀生成后为什么要陈化？

（6）$KMnO_4$ 法与配位滴定法测定钙的优缺点各是什么？

（7）若试样含 Ba^{2+} 或 Sr^{2+}，它们对沉淀分离 CaC_2O_4 有无影响？若有影响，应如何消除？

实验 4.20　亚铁盐中亚铁含量的测定（重铬酸钾法）

一、实验目的

（1）学习用直接法配制重铬酸钾标准溶液。

（2）掌握重铬酸钾法测定亚铁含量的基本原理和方法。

二、实验原理

重铬酸钾（$K_2Cr_2O_7$）易获得 99.99% 的纯品，在 130～140℃下干燥 0.5～1h 后，可用直接法配制标准溶液。重铬酸钾溶液较稳定，在密闭容器中经久不会发生浓度的改变。

$K_2Cr_2O_7$ 在强酸性溶液中与 Fe^{2+} 的反应为

$$6Fe^{2+}+Cr_2O_7^{2-}+14H^+ \longrightarrow 6Fe^{3+}+2Cr^{3+}+7H_2O$$

该反应定量迅速，符合滴定反应的要求，因此可用 $K_2Cr_2O_7$ 标准溶液直接滴定 Fe^{2+}。由于滴定反应生成 Cr^{3+}，故溶液呈绿色，通常用氧化还原指示剂二苯胺磺酸钠指示滴定终点，但是滴定过程中生成的 Fe^{3+}，在酸性介质中会过早地氧化指示剂，使终点提前出现，若滴定介质中含有磷酸，因磷酸与 Fe^{3+} 形成配位化合物，可降低溶液中 Fe^{3+} 的浓度，从而降低 Fe^{3+}/Fe^{2+} 电对的电位，可避免过早地氧化指示剂，这样可以减小终点误差，因此用 $K_2Cr_2O_7$ 滴定 Fe^{2+} 应在 H_2SO_4/H_3PO_4 混合酸介质中进行，以二苯胺磺酸钠为指示剂。滴定终点时溶液由绿变为紫色或蓝紫色。

三、仪器与试剂

（1）**仪器**　电子天平、50mL 酸式滴定管、250mL 容量瓶、250mL 烧杯、250mL 锥形瓶、10mL 和 50mL 量筒。

（2）**试剂**　重铬酸钾（A.R.）、硫酸亚铁铵（s）、3mol·L^{-1} H_2SO_4、85% H_3PO_4、0.1% 二苯胺磺酸钠。

四、实验步骤

1. 0.02mol·L⁻¹ 重铬酸钾标准溶液的直接配制

在电子天平上用减量法准确称取干燥过的 $K_2Cr_2O_7$ 1.3~1.5g 于 250mL 烧杯中，加少量蒸馏水溶解，定量地转移入 250mL 容量瓶中，稀释、定容、摇匀。计算 $K_2Cr_2O_7$ 准确的浓度。

2. 重铬酸钾法测定亚铁盐中的亚铁含量

准确称取 0.8~1.2g 硫酸亚铁铵固体于锥形瓶中，依序加入 3mol·L⁻¹ H_2SO_4 10mL、蒸馏水 50mL、85% 磷酸 5mL，溶解后用 $K_2Cr_2O_7$ 标准溶液滴定至溶液出现绿色，再加入二苯胺磺酸钠指示剂 6~8 滴，继续用 $K_2Cr_2O_7$ 标准溶液滴定至溶液呈紫色或紫蓝色。记录 $K_2Cr_2O_7$ 标准溶液用量。平行测定 3 次，计算试样中亚铁的质量分数。

五、实验数据记录及数据处理

重铬酸钾标准溶液的浓度 $c(K_2Cr_2O_7)$ 按下列公式计算（以 mol·L⁻¹ 为单位）：

$$c(K_2Cr_2O_7) = \frac{m(K_2Cr_2O_7)}{M(K_2Cr_2O_7) \times \dfrac{250.0\text{mL}}{1000}}$$

亚铁盐中亚铁含量 $w(Fe)$ 按下列公式计算：

$$w(Fe) = \frac{6c(K_2Cr_2O_7)V(K_2Cr_2O_7) \times 10^{-3} \times M(Fe)}{m_s} \times 100\%$$

式中，m_s 为亚铁盐的质量，g。

次数 项目	Ⅰ	Ⅱ	Ⅲ
称量瓶＋$K_2Cr_2O_7$（前）/g			
称量瓶＋$K_2Cr_2O_7$（后）/g			
$K_2Cr_2O_7$ 的质量/g			
$c(K_2Cr_2O_7)$/mol·L⁻¹			
$V(K_2Cr_2O_7)$终读数/mL			
$V(K_2Cr_2O_7)$初读数/mL			
$V(K_2Cr_2O_7)$/mL			
$w(Fe)$/%			
$\bar{w}(Fe)$/%			
个别测定值的绝对偏差			
平均偏差			
相对平均偏差/%			

六、注意事项

（1）滴定时，需添加试剂较多，要按顺序添加，不要漏掉。

（2）注意容量瓶使用的规范。

（3）重铬酸钾法测铁也可以使用 HCl 做介质，因为重铬酸钾的氧化能力比高锰酸钾弱，室温下不与 Cl^- 反应。但当盐酸浓度较大或溶液煮沸时，也能发生反应。

（4）重铬酸钾溶液对环境有污染，要回收。

七、思考题

（1）重铬酸钾法测定亚铁的过程中，加入磷酸的作用是什么？

（2）重铬酸钾法能否在盐酸介质中进行滴定？为什么？

（3）本实验结束后，对含铬废液如何处理？

实验 4.21　硫代硫酸钠标准溶液的配制和标定

一、实验目的

（1）掌握 $Na_2S_2O_3$ 溶液的配制方法和保存条件。

（2）掌握标定 $Na_2S_2O_3$ 溶液浓度的原理和方法。

二、实验原理

硫代硫酸钠（$Na_2S_2O_3 \cdot 5H_2O$）一般都含有少量杂质（如 S、Na_2SO_3、Na_2SO_4、Na_2CO_3 及 NaCl 等），同时还容易风化和潮解；其溶液容易受空气和微生物作用而分解，故其标准溶液必须采用间接法进行配制。

标定 $Na_2S_2O_3$ 的基本反应是：

$$I_2 + 2S_2O_3^{2-} \longrightarrow 2I^- + S_4O_6^{2-}（反应条件：中性或弱酸性）$$

其中的 I_2 是由强氧化剂（如 KIO_3、$KBrO_3$、$K_2Cr_2O_7$ 等）与 KI 定量反应所得，本实验采用在酸性溶液中，有过量 KI 存在时，一定量的 $KBrO_3$ 与 KI 发生反应

$$BrO_3^- + 6H^+ + 6I^- \longrightarrow Br^- + 3I_2 + 3H_2O$$

用 $Na_2S_2O_3$ 标准溶液滴定析出的 I_2，当反应定量完成时，依据 $KBrO_3$ 的质量及 $Na_2S_2O_3$ 用量计算 $Na_2S_2O_3$ 的标准浓度。

三、仪器与试剂

（1）仪器　电子天平、50mL 碱式滴定管、250mL 容量瓶、250mL 碘量瓶、500mL 棕色试剂瓶、25mL 移液管、托盘天平、可调温电炉。

（2）试剂　$Na_2S_2O_3 \cdot 5H_2O$(A.R.)、Na_2CO_3(A.R.)、$KBrO_3$(A.R.)、30%KI、$3mol \cdot L^{-1}$ H_2SO_4、0.5%淀粉指示剂。

四、实验步骤

1. $0.1mol \cdot L^{-1}$硫代硫酸钠标准溶液的配制

在托盘天平上称取 12.5g $Na_2S_2O_3 \cdot 5H_2O$(A.R.)，溶解在新煮沸过而冷却了的蒸馏水中，加入 0.1g Na_2CO_3，稀释至 500mL。保存在棕色瓶中，放置在阴暗处，一周后标定。

2. $0.1mol \cdot L^{-1}$硫代硫酸钠溶液的标定

准确称取 $KBrO_3$0.5～0.8g 于 250mL 烧杯中，加少量蒸馏水溶解，定量地转移入 250mL 容量瓶中，定容，摇匀，待用，计算 $KBrO_3$ 准确的浓度。

用移液管吸取配制好的 $KBrO_3$ 溶液 25.00mL，放入 250mL 锥形瓶（或碘量瓶）中，加 30%KI 溶液 5mL、$3mol \cdot L^{-1}$ H_2SO_4 溶液 10mL，混匀后盖好瓶塞，在暗处放置 5min，然后加 100mL 蒸馏水稀释。用 $Na_2S_2O_3$ 标准溶液滴定，当溶液由析出碘的棕红色转变为浅黄色时，加入 0.5%淀粉指示剂 5mL，继续滴定至蓝色刚好完全褪去为止，记录 $Na_2S_2O_3$ 的体积。平行测定 3 次。

五、实验数据记录及数据处理

$Na_2S_2O_3$ 标准溶液浓度计算公式（以 $mol \cdot L^{-1}$ 为单位）：

$$c(Na_2S_2O_3) = \frac{6m(KBrO_3) \times 1000}{M(KBrO_3)V(Na_2S_2O_3)} \times \frac{25.00mL}{250.00mL}$$

次数 项目	I	II	III
称量瓶＋$KBrO_3$（前）/g			
称量瓶＋$KBrO_3$（后）/g			
$KBrO_3$ 的质量/g			
$c(KBrO_3)$/mol $\cdot$ L^{-1}			
$V(Na_2S_2O_3)$终读数/mL			
$V(Na_2S_2O_3)$初读数/mL			
$V(Na_2S_2O_3)$/mL			
$c(Na_2S_2O_3)$/mL			
$\bar{c}(Na_2S_2O_3)$/mL			
个别测定值的绝对偏差			
平均偏差			
相对平均偏差/%			

六、注意事项

（1）应将配制溶液的蒸馏水煮沸一段时间，以除去水中的 CO_2，并杀灭微生物。

（2）将配制好的溶液置于棕色瓶中放置 14 天，再用基准物进行标定，发现溶液浑浊重新配制。

（3）滴定时溶液的温度不能高，一般在室温下进行。滴定时不要剧烈摇动溶液，可使用带有玻璃塞的碘量瓶，析出 I_2 后不能让溶液放置过久。

（4）滴定速度宜适当地快些。

（5）淀粉指示液应在滴定近终点时加入，如果过早加入，淀粉会吸附较多的 I_2，使滴定结果产生误差。

（6）所用 KI 溶液中不应含有 KIO_3 或 I_2，如果 KI 溶液显黄色或将溶液酸化后加入淀粉指示液显蓝色，则应事先用 $Na_2S_2O_3$ 溶液滴定至无色后再使用。

七、思考题

（1）为何 $Na_2S_2O_3$ 标准溶液不能用直接法配制？配制后为何要放 7～14 天才能进行标定？

（2）滴定过程中淀粉指示剂加入过早或过迟对实验结果有何影响？

实验 4.22　胆矾中铜的测定（碘量法）

一、实验目的

（1）掌握间接碘量法测定胆矾中铜含量的原理和方法。

（2）掌握标准溶液的配制和标定。

二、实验原理

胆矾（$CuSO_4 \cdot 5H_2O$）是农药波尔多液的主要原料。胆矾中铜的含量常用间接碘量法测定。在弱酸性介质中，胆矾中 Cu^{2+} 与 I^- 作用，生成 CuI 沉淀，并析出 I_2，其反应为

$$2Cu^{2+} + 4I^- \longrightarrow 2CuI\downarrow + I_2$$

$$I_2 + I^- \longrightarrow I_3^-$$

Cu^{2+} 与 I^- 间的反应是可逆的，为使 Cu^{2+} 的还原趋于完全，须加入过量的 KI，但由于生成的 CuI 沉淀强烈地吸附 I_3^-，又会使结果偏低。欲减少 CuI 沉淀对 I_3^- 的吸附，当用 $Na_2S_2O_3$ 滴定 I_2 接近终点时，可加入 KSCN，使 CuI 转化为溶解度更小的 CuSCN 沉淀，其反应为

$$CuI + SCN^- \longrightarrow CuSCN\downarrow + I^-$$

CuSCN 对 I_3^- 的吸附较困难，使 Cu^{2+} 与 I^- 间的反应趋于完全，且终点更为敏锐。

Cu^{2+} 与 I^- 作用生成的 I_2，用 $Na_2S_2O_3$ 标准溶液滴定：

$$I_2 + 2S_2O_3^{2-} \longrightarrow 2I^- + S_4O_6^{2-}$$

以淀粉为指示剂，滴定至溶液的蓝色刚好消失为终点。根据 $Na_2S_2O_3$ 标准溶液的浓度、滴定时所耗用的体积及试样质量，可计算出试样中铜的含量。

Cu^{2+} 与 I^- 作用时，溶液的 pH 一般控制在 3.0～4.0。酸度过低，Cu^{2+} 易水解，使反应不完全，结果偏低；酸度过高，I^- 易被空气中的氧氧化为 I_2，使结果偏高。控制溶液的酸度常采用稀 H_2SO_4 或 HAc，而不用 HCl，因为 Cu^{2+} 易与 Cl^- 生成配离子。

若 Fe^{3+} 存在时，因发生下述反应

$$2Fe^{3+} + 2I^- \longrightarrow 2Fe^{2+} + I_2$$

而使测定结果偏高。为消除 Fe^{3+} 的干扰，可加入 NaF 或 NH_4F，使 Fe^{3+} 形成稳定的 FeF_6^{3-}。

胆矾中铜的含量用 $w(Cu)$ 表示，其计算公式如下：

$$w(Cu) = \frac{c(Na_2S_2O_3)V(Na_2S_2O_3) \times 10^{-3} \times M(Cu)}{m_s} \times 100\%$$

式中，m_s 为胆矾质量，g。

三、仪器与试剂

(1) 仪器 电子天平、50mL 酸式滴定管、250mL 锥形瓶、100mL 烧杯、20mL 和 100mL 量筒、500mL 棕色试剂瓶。

(2) 试剂 $0.1mol \cdot L^{-1} Na_2S_2O_3$ 标准溶液、10% KI 溶液（实验前新配制）、10% KSCN 溶液、饱和 NaF、$3mol \cdot L^{-1} H_2SO_4$、$CuSO_4 \cdot 5H_2O$ 试样、0.5% 淀粉溶液（称取 0.5g 可溶性淀粉，用少量水润湿后，加入 100mL 沸水，搅匀。冷却后，可加 0.1g HgI_2 防腐剂）。

四、实验内容

准确称取胆矾试样 0.5～0.6g 置于 250mL 锥形瓶中，加 3mL $3mol \cdot L^{-1} H_2SO_4$ 溶液及 100mL 去离子水，使其溶解，加入 10mL 饱和 NaF 溶液和 10mL 10% KI 溶液，摇匀后立即用 $0.1mol \cdot L^{-1} Na_2S_2O_3$ 标准溶液滴定至浅黄色，加入 5mL 0.5% 淀粉溶液，继续滴定至溶液呈浅蓝色时，再加入 10mL 10% KSCN 溶液，混匀后溶液的蓝色加深。然后，再继续滴定到蓝色刚好消失为止，此时溶液为米色悬浊液，记录滴定所耗用的

$Na_2S_2O_3$ 体积。平行测定 3 次。

五、实验数据记录及数据处理

项目 ＼ 次数	Ⅰ	Ⅱ	Ⅲ
称量瓶＋胆矾(前)/g			
称量瓶＋胆矾(后)/g			
胆矾的质量/g			
$c(Na_2S_2O_3)/mol \cdot L^{-1}$			
$V(Na_2S_2O_3)$终读数/mL			
$V(Na_2S_2O_3)$初读数/mL			
$V(Na_2S_2O_3)/mL$			
$w(Cu)/\%$			
$\bar{w}(Cu)/\%$			
个别测定值的绝对偏差			
平均偏差			
相对平均偏差/%			

六、注意事项

（1）滴定要在避光、快速、勿剧烈摇动的条件下进行。

（2）淀粉指示剂不能早加，因滴定反应中产生大量的 CuI 沉淀，若淀粉与 I_2 过早地生成蓝色的配合物，大量的 I_3^- 会被 CuI 吸附，终点呈较深的灰黑色，不易于终点的观察。

（3）加入 KSCN 不能过早，且加入后要剧烈摇动溶液，以利于沉淀转化和释放出被吸附的 I_3^-。

（4）滴定至终点后若很快变蓝，表示 Cu^{2+} 与 I^- 反应不完全，该份样品应弃去重做，若是 30s 之后又恢复蓝色，是空气氧化 I^- 生成 I_2 造成的，不影响结果。

七、思考题

（1）测定铜含量时，所加 KI 为何过量？KI 的量是否要求很准确？加入 KSCN 的作用何在？为什么 KSCN 要在临近终点前加入？

（2）用碘量法进行滴定时，酸度和温度对滴定反应有何影响？

（3）碘量法的误差来源有哪些？应如何避免？

实验 4.23　氯化物中氯含量的测定（莫尔法）

一、实验目的

（1）学习 $AgNO_3$ 标准溶液的配制和标定方法。

（2）掌握莫尔法测定氯化物的基本原理和方法。

（3）掌握莫尔法测定的反应条件及准确判断以 K_2CrO_4 为指示剂的滴定终点。

二、实验原理

莫尔法是在中性或弱酸性溶液中，以 K_2CrO_4 为指示剂，用 $AgNO_3$ 标准溶液直接滴

定待测试液中的 Cl^-。

由于 AgCl 的溶解度小于 Ag_2CrO_4，所以在溶液中首先析出 AgCl 沉淀，当 AgCl 定量沉淀后，过量 $AgNO_3$ 溶液即与 CrO_4^{2-} 生成砖红色 Ag_2CrO_4 沉淀，指示终点的到达。主要反应式如下：

$$Ag^+ + Cl^- \longrightarrow AgCl\downarrow \text{（白色）} \qquad K_{sp}^{\ominus} = 1.8 \times 10^{-10}$$
$$2Ag^+ + CrO_4^{2-} \longrightarrow Ag_2CrO_4\downarrow \text{（砖红色）} \qquad K_{sp}^{\ominus} = 1.1 \times 10^{-12}$$

三、仪器与试剂

(1) 仪器　电子天平、50mL 酸式滴定管、250mL 容量瓶、100mL 容量瓶、25mL 移液管、5mL 吸量管、250mL 锥形瓶、100mL 烧杯、20mL 和 100mL 量筒、500mL 棕色试剂瓶。

(2) 试剂　$AgNO_3$（分析纯）、NaCl（优级纯，使用前在高温炉中于 500～600℃下干燥 2～3h，贮于干燥器内备用）、$50g \cdot L^{-1} K_2CrO_4$ 溶液、试样（食盐）。

四、实验步骤

1. 配制 $0.10mol \cdot L^{-1} AgNO_3$ 标准溶液

在电子天平上准确称取 $AgNO_3$ 晶体 8.5g（精确到 0.0001g）于小烧杯中，用少量不含氯的水溶解后，转入棕色试剂瓶中，稀释至 500mL 左右，摇匀置于暗处、备用。

2. $0.10mol \cdot L^{-1} AgNO_3$ 标准溶液浓度的标定

准确称取 0.55～0.60g 基准试剂 NaCl 于小烧杯中，用蒸馏水溶解完全后，定量转移到 100mL 容量瓶中，稀释至刻度，摇匀。用移液管移取 25.00mL 此溶液置于 250mL 锥形瓶中，加 25mL 蒸馏水，1mL $50g \cdot L^{-1} K_2CrO_4$ 溶液，在不断摇动下，用 $AgNO_3$ 标准溶液滴定至溶液微呈橙红色即为终点。平行做 3 份，计算 $AgNO_3$ 溶液的准确浓度。

3. 试样中 NaCl 含量的测定

准确称取含氯试样（含氯质量分数约为 60%）约 1.6g 于小烧杯中，加水溶解后，定量地转入 250mL 容量瓶中，稀释至刻度，摇匀。准确移取 25.00mL 此试液 3 份，分别置于 250mL 锥形瓶中，加水 25mL，1mL $50g \cdot L^{-1} K_2CrO_4$ 溶液，在不断摇动下，用 $AgNO_3$ 标准溶液滴定至溶液呈橙红色即为终点。根据试样质量，$AgNO_3$ 标准溶液的浓度和滴定中消耗的体积，计算试样中 Cl^- 的含量。

必要时进行空白测定，即取 25.00mL 蒸馏水按上述同样操作测定，计算时应扣除空白测定所耗 $AgNO_3$ 标准溶液之体积。

五、实验数据记录与数据处理

1. $AgNO_3$ 溶液的配制和标定

$m(AgNO_3) = 8.5g$；$m(NaCl) = \underline{\qquad}$；$V = 25.00mL$

标准溶液浓度计算公式（以 $mol \cdot L^{-1}$ 为单位）：

$$c(AgNO_3) = \frac{m(NaCl) \times 10^3}{M(NaCl)V(AgNO_3)} \times \frac{25.00mL}{250.0mL}$$

项目	I	II	III
$V(NaCl)/mL$			
$V(AgNO_3)/mL$			
$c(AgNO_3)/mol \cdot L^{-1}$			

项　目	Ⅰ	Ⅱ	Ⅲ
$\bar{c}(AgNO_3)/mol \cdot L^{-1}$			
个别测定值的绝对偏差			
平均偏差			
相对平均偏差/%			

2. 食盐中 NaCl 含量的测定

试样中 Cl^- 含量计算公式：

$$w(Cl^-) = \frac{c(AgNO_3)V(AgNO_3) \times 10^{-3} \times M(Cl^-)}{m_{试样} \times \dfrac{25.00mL}{250.0mL}} \times 100\%$$

项　目	Ⅰ	Ⅱ	Ⅲ
$V(食盐)/mL$			
$V(AgNO_3)/mL$			
$w(NaCl)/\%$			
$\bar{w}(NaCl)/\%$			
个别测定值的绝对偏差			
平均偏差			
相对平均偏差/%			

六、注意事项

(1) 滴定必须在中性或弱碱性溶液中进行，最适宜的 pH6.5～10.5，若有铵盐存在，pH6.5～7.2。酸度过高，不产生 Ag_2CrO_4 沉淀，过低，则形成 Ag_2O 沉淀。

(2) 指示剂的用量对滴定终点的准确判断有影响，一般用量以 $5 \times 10^{-3}\, mol \cdot L^{-1}$ 为宜。

(3) $AgNO_3$ 需保存在棕色瓶中，勿使 $AgNO_3$ 与皮肤接触。

(4) K_2CrO_4 浓度过大，会使终点提前，且 CrO_4^{2-} 本身的黄色会影响终点的观察，使测定结果偏低；若太小，会使终点滞后，使测定结果偏高。措施：根据计算，K_2CrO_4 的浓度约为 $5 \times 10^{-3}\, mol \cdot L^{-1}$ 为宜。

(5) 银盐溶液的量大时不应该随意丢弃，所有淋洗滴定管的标准溶液和沉淀都应收集起来，以便回收。

(6) 滴定时要注意滴定速度并充分摇动。

(7) 实验结束后，盛装 $AgNO_3$ 的滴定管先用蒸馏水冲洗 2～3 次，再用自来水冲洗，以免产生氯化银沉淀。含银废液予以回收。

七、思考题

(1) 配制好的 $AgNO_3$ 溶液要贮于棕色瓶中，并置于暗处，为什么？

(2) 空白测定有何意义？K_2CrO_4 溶液的浓度大小或用量多少对测定结果有何影响？

(3) 能否用莫尔法以 NaCl 标准溶液直接滴定 Ag^+？为什么？

第 **4** 章 基础实验

(4) $AgNO_3$ 溶液应装在酸式滴定管还是碱式滴定管中？为什么？

(5) 滴定中试液的酸度宜控制在什么范围？为什么？怎样调节？有 NH_4^+ 存在时，在酸度控制上为什么要有所不同？

(6) 滴定过程中为什么要充分摇动溶液？

实验 4.24　PbI_2 溶度积常数的测定

一、实验目的
(1) 了解溶度积常数的意义及其计算方法。
(2) 掌握用目视比色法测定溶液中 I^- 浓度的原理和方法。

二、实验原理
Pb^{2+} 和 I^- 在溶液中可生成 PbI_2 沉淀，离心分离，将 PbI_2 沉淀反复用蒸馏水洗涤数次，弃去洗涤液。向沉淀中加入一定量的蒸馏水，充分摇匀，使沉淀溶解达到平衡

$$PbI_2 \longrightarrow Pb^{2+} + 2I^-$$

平衡时的溶液是饱和溶液，在一定温度下，PbI_2 饱和溶液中的 Pb^{2+} 与 I^- 的浓度幂乘积是一个常数

$$\frac{c(Pb^{2+})}{c^{\ominus}} \cdot \left[\frac{c(I^-)}{c^{\ominus}}\right]^2 = K_{sp}^{\ominus}$$

本实验是用蒸馏水溶解 PbI_2 沉淀使之达到平衡，取其饱和溶液，在酸性条件下，用 $NaNO_2$ 氧化 I^- 为 I_2，加淀粉溶液使呈蓝色，与碘标准溶液系列比色，求出 I^- 浓度，并由 I^- 的浓度算出 Pb^{2+} 的浓度，最后计算出 PbI_2 的 $K_{sp}^{\ominus}$。

三、仪器与试剂
(1) 仪器　奈氏比色管 1 套 8 支、10mL 量筒 1 只、小漏斗 1 只、漏斗架 1 个、30mL 试管 1 支、离心机、离心试管 2 支、1mL 吸量管 1 支、定量滤纸。

(2) 试剂　$0.01mol \cdot L^{-1} Pb(NO_3)_2$、$0.03mol \cdot L^{-1} KI$、$0.02mol \cdot L^{-1} NaNO_2$、$6mol \cdot L^{-1} HCl$、$100\mu g \cdot mL^{-1} I^-$ 标准溶液、0.5% 淀粉溶液。

四、实验步骤
量取 $0.01mol \cdot L^{-1} Pb(NO_3)_2$ 溶液和 $0.03mol \cdot L^{-1} KI$ 溶液各 10mL（或 5mL，视试管大小而定）置试管中，充分摇动、静置，弃去上层清液。将沉淀转移到离心试管中，离心分离，弃去上层清液。再向沉淀中加约 2mL 蒸馏水，充分摇动，离心分离，这样反复三次，以得到纯净的 PbI_2 沉淀。再向沉淀中加蒸馏水到离心试管 2/3 处，塞上橡胶塞，充分摇动 15min，放置 20min（放置时间稍长一些更好）后，用干燥的双层定量滤纸过滤，滤液收集在一支干燥清洁的试管中。用 1mL 吸量管吸取滤液 1.0mL，放入洁净的比色管中，加入 2 滴 $6mol \cdot L^{-1}$ 盐酸、1mL $0.02mol \cdot L^{-1} NaNO_2$ 和 2mL 0.5% 淀粉溶液，摇动并用蒸馏水稀释到 25mL，充分摇匀后与碘标准溶液系列比色，测出 I^- 的浓度。此实验每人做一份。

碘标准溶液系列的配制：取 6 支洗净的奈氏比色管，用移液管分别加 0、1.0mL、2.0mL、3.0mL、4.0mL、5.0mL $100\mu g \cdot mL^{-1}$ 的碘标准溶液，各加入两滴 $6mol \cdot L^{-1}$ 盐酸、1mL $NaNO_2$，摇匀，加 2mL 0.5% 淀粉溶液，稀释到 25mL 充分摇匀。注意向标

准溶液系列和被测液中加 $NaNO_2$ 和淀粉时，要使显色时间基本一致，15min 以后比色。

五、实验数据记录及数据处理

1. 碘离子浓度计算公式

$$c(I^-) = \frac{测得未知碘离子浓度(\mu g \cdot mL^{-1}) \times 1000/10^6}{126.9g \cdot mol^{-1}}$$

$c(I^-)$ 的单位为 $mol \cdot L^{-1}$。

2. 铅离子浓度计算公式

$$c(Pb^{2+}) = \frac{1}{2}c(I^-)$$

3. PbI_2 的溶度积常数计算公式

$$K_{sp}^{\ominus} = \frac{c(Pb^{2+})}{c^{\ominus}} \cdot \left[\frac{c(I^-)}{c^{\ominus}}\right]^2$$

通过实验测得 I^- 的浓度，并由 I^- 浓度计算出 Pb^{2+} 浓度和 PbI_2 溶度积常数，再查找文献中的 PbI_2 溶度积常数值进行比较，讨论产生误差的原因。

六、注意事项

（1）使用离心机时要注意离心试管的对称放置，若 1 支试管离心应在对称位置放置加有相同体积水的试管以保持离心机转动时的平衡。开关离心机时要注意要逐级加挡和减挡。另外还要注意离心过程中不要打开机盖，以免发生危险。

（2）向 PbI_2 沉淀中加蒸馏水清洗时，每次需控制蒸馏水用量。

（3）制备 PbI_2 饱和溶液时一定要充分摇动。

（4）必须用干燥清洁的试管收集 PbI_2 滤液。

七、思考题

（1）用 $Pb(NO_3)_2$ 溶液和 KI 溶液制备 PbI_2 沉淀时，$Pb(NO_3)_2$ 和 KI 的量是否要求完全相等？二者量的比值在何范围内才适宜？

（2）在比色过程中，被测液和碘标准溶液在完全相同的条件下显色后，经测定，假如被测定液的颜色比碘标准溶液的颜色都要深一些或浅一些，该如何处理？

（3）下列情况对实验结果有何影响？

① 用蒸馏水反复洗涤 PbI_2 沉淀后，仍残留有少量 Pb^{2+} 或 I^-。

② 用双层定量滤纸过滤，其滤液收集于一清洁而没有经过干燥的试管。

实验 4.25　氯化钡中钡含量的测定（$BaSO_4$ 晶形沉淀重量分析法）

一、实验目的

（1）了解晶形沉淀的沉淀条件、原理和沉淀方法。

（2）练习沉淀的过滤、洗涤和灼烧的操作技术。

（3）测定 $BaCl_2 \cdot 2H_2O$ 中钡含量，并用换算因数计算测定结果。

二、实验原理

$BaSO_4$ 晶形沉淀重量法，既可用于测定 Ba^{2+}，也可用于测定 SO_4^{2-} 的含量。

称取一定量样品，用水溶解，加稀 HCl 酸化，加热至微沸，在不断搅动下，慢慢地

加入热的稀 H_2SO_4，Ba^{2+} 与 SO_4^{2-} 反应，形成晶形沉淀。沉淀经过陈化、过滤、洗涤、烘干、炭化、灰化、灼烧后，以 $BaSO_4$ 形式称量，可求出样品中 Ba 的含量。

Ba^{2+} 可生成一系列微溶化合物，如 $BaCO_3$、BaC_2O_4、$BaCrO_4$、$BaHPO_4$、$BaSO_4$ 等，其中以 $BaSO_4$ 溶解度最小，100mL 溶液中，100℃ 时溶解 0.4mg，25℃ 时溶解 0.25mg。当过量沉淀剂存在时，溶解度大为减小，溶解的损失一般可以忽略不计。

硫酸钡重量法一般在约 0.05mol·L^{-1} 盐酸介质中进行沉淀，这是为了防止产生 $BaCO_3$、$BaHPO_4$、$BaHAsO_4$ 沉淀以及防止生成 $Ba(OH)_2$ 共沉淀。同时，适当提高酸度，增加 $BaSO_4$ 在沉淀过程中的溶解度，以降低其相对过饱和度，有利于获得较好的晶形沉淀。

用 $BaSO_4$ 重量法测定 Ba^{2+} 时，一般用稀 H_2SO_4 作沉淀剂。为了使沉淀完全，H_2SO_4 必须过量。由于 H_2SO_4 在高温下可挥发除去，故沉淀带有的 H_2SO_4 不致引起误差，因此沉淀剂可过量 50%～100%。如果用 $BaSO_4$ 重量法测定 SO_4^{2-} 时，沉淀剂 $BaCl_2$ 过量只允许 20%～30%，因为 $BaCl_2$ 灼烧时不易挥发除去。

$PbSO_4$、$SrSO_4$ 的溶解度均较小，Pb^{2+}、Sr^{2+} 对钡的测定有干扰。NO_3^-、ClO_3^-、Cl^- 等阴离子和 K^+、Na^+、Ca^{2+}、Fe^{3+} 等阳离子，均可以引起共沉淀现象，故应严格掌握沉淀条件，减少共沉淀现象，以获得纯净的 $BaSO_4$ 晶形沉淀。

三、仪器与试剂

(1) 仪器 分析天平、25mL 瓷坩埚 2～3 个、250mL 烧杯、100mL 烧杯 3 只、定量滤纸（慢速或中速）、沉淀帚 1 把、玻璃漏斗 2 个、坩埚钳、马弗炉（高温电炉）、滴管。

(2) 试剂 0.1mol·L^{-1} H_2SO_4、1mol·L^{-1} H_2SO_4、2mol·L^{-1} HCl、2mol·L^{-1} HNO_3、0.1mol·L^{-1} $AgNO_3$、$BaCl_2$·$2H_2O$ 样品。

四、实验步骤

1. 称样及沉淀的制备

准确称取两份 0.4～0.6g $BaCl_2$·$2H_2O$ 试样，分别置于 250mL 烧杯中，加水约 100mL、3mL 2mol·L^{-1} HCl，搅拌溶解，加热至近沸。

另取 4mL 1mol·L^{-1} H_2SO_4 两份于两个 100mL 烧杯中，加水 30mL，加热至近沸，趁热将两份溶解分别用小滴管逐滴地加入到两份热的钡盐溶液中，并用玻璃棒不断搅拌直至两份 H_2SO_4 溶液加完为止。待 $BaSO_4$ 沉淀下沉后，于上层清液中加入 1～2 滴 0.1mol·L^{-1} H_2SO_4 溶液，仔细观察沉淀是否完全。沉淀完全后，盖上表面皿（切勿将玻璃棒拿出杯外），放置过夜陈化。也可将沉淀放在水浴或砂浴上，保温 40min，陈化。

2. 沉淀的过滤和洗涤

按前述操作，用慢速或中速滤纸以倾泻法过滤。用稀 H_2SO_4（1mol·L^{-1} H_2SO_4 1mL 加 100mL 水配成）洗涤沉淀 3～4 次，每次约 10mL。然后，将沉淀定量转移到滤纸上，用沉淀帚由上到下擦拭烧杯内壁，并用折叠滤纸时撕下的小片滤纸擦拭杯壁，并将此小片滤纸放于漏斗中，再用稀 H_2SO_4 洗涤 4～6 次，直至洗涤液中不含 Cl^- 为止（检查方法：用试管收集 2mL 滤液，加 1 滴 2mol·L^{-1} HNO_3 酸化，加入 2 滴 $AgNO_3$，若无白色浑浊产生，表示 Cl^- 已洗净）。

3. 空坩埚的恒重

将两个洁净的瓷坩埚放在（800±20）℃的马弗炉中灼烧至恒重。第一次灼烧 40min，第二次后每次灼烧 20min。

4. 沉淀的灼烧

将折叠好的沉淀滤纸包置于已恒重的瓷坩埚中，经烘干、炭化、灰化后，在（800±20）℃马弗炉中灼烧至恒重。计算 $BaCl_2 \cdot 2H_2O$ 中 Ba 的含量。

五、实验数据记录及数据处理

项 目　　　　　　　　　次 数		I	II
称量瓶＋试样重（倾出试样前）/g			
称量瓶＋试样重（倾出试样后）/g			
试样重 m_s/g			
m（坩埚＋$BaSO_4$）/g	(1)		
	(2)		
m（坩埚）/g	(1)		
	(2)		
m（滤纸灰分）/g			
m（$BaSO_4$）/g			
w（Ba）/%			
$\bar{w}$（Ba）/%			
相对偏差/%			

试样中 Ba 含量计算公式

$$w(Ba) = \frac{\dfrac{m(BaSO_4)}{M(BaSO_4)} \times M(Ba)}{m_s} \times 100\%$$

式中，m_s 为样品的质量，g。

六、注意事项

（1）滤纸灰化时空气要充足，否则 $BaSO_4$ 易被滤纸的炭还原为灰黑色的 BaS。

$$BaSO_4 + 4C \longrightarrow BaS + 4CO \uparrow$$

$$BaSO_4 + 4CO \longrightarrow BaS + 4CO_2 \uparrow$$

遇此情况，可用 2~3 滴（1∶1）H_2SO_4，小心加热，冒烟后重新灼烧。

（2）灼烧温度不能太高，如超过 950℃，可能有部分 $BaSO_4$ 分解。

$$BaSO_4 \longrightarrow BaO + SO_3 \uparrow$$

七、思考题

（1）为什么要在稀 H_2SO_4 介质中沉淀 $BaSO_4$？H_2SO_4 加入太多有何影响？

（2）为什么要在热溶液中沉淀 $BaSO_4$，而要在冷却后过滤？晶形沉淀为何要陈化？

（3）什么叫倾注法过滤？有什么优点？

（4）什么叫恒重？怎样才能把灼烧后的沉淀称准？

（5）加入沉淀剂后，沉淀是否完全应如何检查？

（6）本实验的误差来源有哪些？如何消除？

实验 4.26　电位法测定土壤浸出液的 pH

一、实验目的

(1) 掌握 pH 计的使用及用 pH 计测定溶液 pH 的方法。

(2) 通过实验，进一步理解用 pH 计测定溶液 pH 的原理。

二、实验原理

pH 计是用电位法测量溶液 pH 的仪器，用 pH 指示电极（玻璃电极）作负极和饱和甘汞电极作正极组成电极对插入被测溶液后，玻璃电极的电势随溶液中氢离子活度而变化，这一变化符合 Nernst 方程，而饱和甘汞电极电势保持恒定。因此，用输入阻抗高的毫伏计测量电池的电动势 E。

$$E = \varphi_{SCE} - \varphi_b = \varphi_{SCE} - (k + \frac{2.303RT}{F}\lg a_{H^+}) = K + \frac{2.303RT}{F}pH$$

实际操作时，为了消去常数项的影响，采用与待测液 pH 相接近的标准缓冲溶液相比较，即

$$E_s = K + \frac{2.303RT}{F}pH_s$$

两式相减得

$$pH = pH_s + \frac{E - E_s}{2.303RT/F}$$

测定时利用仪器定位旋钮，使仪器实现 pH 直读。

三、仪器与试剂

pH 计、pH 玻璃电极和饱和甘汞电极各 1 支（或复合电极 1 支）、温度计 1 支、50mL 塑料小烧杯 5 只、滤纸屑。

邻苯二甲酸氢钾标准溶液、硼砂标准溶液、$3mol \cdot L^{-1}$ KCl、未知液 1（pH<7）、未知液 2（pH>7）。

四、实验步骤

(1) 阅读所用 pH 计的有关说明书，按指导教师指定的 pH 计型号详细了解和掌握仪器上各调节方旋钮（或按钮）的功能和使用方法。

(2) 测量 pH>7 的未知液的 pH 用硼砂标准溶液进行定位；测量 pH<7 的未知液的 pH 时用邻苯二甲酸氢钾标准溶液进行定位。这个步骤也可用两点法进行定位。

(3) 将未知液反复测量三次，根据三次测量结果写出实验报告。

(4) 测量完毕后放开读数开关，用蒸馏水冲洗电极，将玻璃电极浸泡在装有蒸馏水的瓶中，将饱和甘汞电极上面的小橡胶塞和下端的小橡胶套分别塞上套好。复合电极浸泡在 $3mol \cdot L^{-1}$ KCl 溶液中。

五、注意事项

(1) 标定前先手拿着电极甩几下，赶走留在电极里的空气及气泡。

(2) 一般采用两点标定，pH6.86 作为第一点，pH4.00 或 pH9.18 作为第二点。

(3) 标定过程中尽可能让电位或 pH 稳定后再按确认键。

(4) 一般电极性能较好时，标定后的斜率应在 98% 以上，性能略微下降时应在 95%。

低于90％建议更换电极。

（5）复合电极不适宜测有机物、油脂类以及黏稠的物质，如需测这些物质，可选用其他非复合电极。

（6）仪器操作前请仔细阅读说明书。

六、思考题

（1）从原理上说明 pH 计的"温度"和"定位"设置的作用。

（2）电极经长期使用后，如发现斜率略有降低，该如何处理及清洗电极？

（3）玻璃电极不用时为什么要浸泡在蒸馏水中保存？如不浸泡在蒸馏水中又将怎样？而复合电极不用时又该如何保存？

实验 4.27　邻二氮菲分光光度法测定铁

一、实验目的

（1）掌握分光光度计的使用方法。

（2）通过铁含量的测定，学习分光光度法的应用。

二、实验原理

邻二氮菲（又称邻菲罗啉）是测定微量铁的一种较好的显色剂。在 pH2.0～9.0 的条件下，Fe^{2+} 与邻二氮菲（Phen）生成稳定的橘红色配合物 $Fe(Phen)_3^{2+}$

$$Fe^{2+} + 3Phen \rightleftharpoons [Fe(Phen)_3]^{2+}（橘红色）$$

此配合物的 $\lg\beta_3 = 21.3$，摩尔吸光系数 $\varepsilon_{512} = 1.1 \times 10^4 \, L \cdot mol^{-1} \cdot cm^{-1}$。当铁为三价状态时，可用盐酸羟胺还原

$$2Fe^{3+} + 2NH_2OH \cdot HCl \longrightarrow 2Fe^{2+} + N_2 \uparrow + 4H^+ + 2H_2O + 2Cl^-$$

Cu^{2+}、Co^{2+}、Ni^{2+}、Hg^{2+}、Mn^{2+}、Zn^{2+} 等也能与 Phen 生成稳定配合物，在少量情况下，不影响 Fe^{2+} 的测定，量大时可用 EDTA 掩蔽或预先分离。

三、仪器与试剂

（1）仪器　722 型分光光度计、1cm 比色皿、100mL 容量瓶 1 只、50mL 容量瓶 7 只、5mL 和 10mL 吸量管各 1 支、10mL 小量筒 1 只、200mL 烧杯 2 只。

（2）试剂　$100\mu g \cdot mL^{-1}$ 铁标准溶液［准确称取 0.8634g 分析纯 $NH_4Fe(SO_4)_2 \cdot 12H_2O$ 于 200mL 烧杯中，加入 20mL $6mol \cdot L^{-1}$ HCl 和少量水，溶解后转移到 1L 容量瓶中，稀释至刻度，摇匀］、0.15％邻二氮菲水溶液、10％盐酸羟胺水溶液（用时配制）、$1mol \cdot L^{-1}$ NaAc、$6mol \cdot L^{-1}$ HCl。

四、实验步骤

（1）标准曲线的制作

用移液管吸取 $100\mu g \cdot mL^{-1}$ 铁标准溶液 10mL 于 100mL 容量瓶中，加入 2mL $6mol \cdot L^{-1}$ HCl，用水稀释至刻度，摇匀。此溶液为每毫升含 Fe^{2+} $10\mu g$。

在 6 个 50mL 容量瓶中，用吸量管分别加入 0.0、2.0mL、4.0mL、6.0mL、8.0mL、10.0mL $10\mu g \cdot mL^{-1}$ 铁标准溶液，分别加入 1mL 10％盐酸羟胺、2mL 0.15％邻二氮菲、5mL $1mol \cdot L^{-1}$ NaAc 溶液，每加入一种试剂时都要摇匀。然后，用水稀释至刻度，摇匀后放置 10min。用 1cm 比色皿，以试样为空白（即 0.0mL 铁标准溶液），在 512nm 波长下，从稀到浓测量各溶液的吸光度。以含铁量为横坐标，吸光度 A 为纵坐标，绘制标准曲线。

2. 未知试样中铁含量的测定

准确吸取适量试液于 50mL 容量瓶中，按标准曲线的制作步骤，加入各种试剂，测量吸光度。从标准曲线上查出和计算试样中铁的含量（$\mu g \cdot mL^{-1}$）。

五、实验数据记录及数据处理

1. 实验数据记录

编号	1	2	3	4	5	6	待测试液
V/mL	0.0	2.0	4.0	6.0	8.0	10.0	
$c/\mu g \cdot mL^{-1}$	0.0	0.4	0.8	1.2	1.6	2.0	
A							

2. 绘制标准曲线

以吸光度 A 为纵坐标，浓度值为横坐标，绘制 A-c 标准曲线。

可手工绘制标准曲线，有条件的学校，可同时用计算机的电子表格（Excel）进行数据处理。

3. 求铁的含量

在标准曲线上找出与 A_x 值相应的 c_x 值，求得原始试液中铁的含量，以 $\mu g \cdot mL^{-1}$ 表示。

六、注意事项

（1）不能颠倒各种试剂的加入次序，盐酸羟胺是用来将 Fe^{3+} 还原为 Fe^{2+}，邻二氮菲是显色剂，NaAc 溶液是用来调节酸度。

（2）铁标准溶液需要准确配制和准确加入，因为实验是根据铁的浓度不同，吸光度不同来绘制标准曲线的。在同样条件下，显色剂邻二氮菲的量不同则吸光度不同，故须准确配制，准确加入。

（3）盐酸羟胺不能放置太久，过久会分解，不能将 Fe^{3+} 全部还原为 Fe^{2+}，会使实验测定全铁结果偏低。

七、思考题

（1）本实验量取各种试剂时分别采用何种量器量取较为合适？为什么？

（2）制作标准曲线和进行其他条件试验时，加入试剂的顺序能否任意改变？为什么？

（3）在用分光光度法测某物质的含量时，一般要进行哪些条件实验？

实验 4.28　氟离子选择性电极测定水中微量氟

一、实验目的

学习氟离子选择性电极测定微量氟离子的原理和测定方法。

二、实验原理

氟离子选择性电极的敏感膜为 LaF_3 单晶膜，电极管内加入 NaF＋NaCl 混合溶液作为内参比溶液，以 Ag-AgCl 作内参比电极。当将氟电极浸入含 F^- 溶液中时，在其敏感膜内外两侧产生膜电位 $\Delta\varphi_M$

$$\Delta\varphi_M = K - \frac{2.303RT}{F}\lg a(F^-)$$

以氟电极作指示电极，饱和甘汞电极为参比电极，浸入试液组成工作电池。即

$Hg \mid Hg_2Cl_2 \mid KCl(饱和) \parallel F^-试液 \mid LaF_3 \mid NaF(0.1mol \cdot L^{-1}), NaCl(0.1mol \cdot L^{-1}) \mid AgCl \mid Ag$

工作电池的电动势

$$E = K' - \frac{2.303RT}{F} \lg a(F^-)$$

在测量时加入以 HAc、NaAc、柠檬酸钠和大量 NaCl 配制成的总离子强度调节缓冲液（TISAB），由于加入了高离子强度的溶液（本实验所用的 TISAB 离子强度 $I > 1.2$），可以在测量过程中维持离子强度恒定，因此工作电池电动势与氟离子浓度的对数成线性关系

$$E = K - \frac{2.303RT}{F} \lg c(F^-)$$

本实验采用标准曲线法测定氟离子浓度，即配制不同浓度的氟离子标准溶液，测定工作电池的电动势，并在同样条件下测得试液的 E_x，由 E-$\lg c(F^-)$ 曲线查得未知试液中的 F^- 浓度。氟电极的适用酸度范围为 pH5.0～6.0，测定浓度在 $10^{-5} \sim 10^{-6}$ mol $\cdot L^{-1}$ 范围内，$\Delta\varphi_M$ 与 $\lg c(F^-)$ 呈线性响应，电极的检测下限在 10^{-7} mol $\cdot L^{-1}$ 左右。

三、仪器与试剂

（1）仪器 pHs-3c 型酸度计或离子计 1 台、氟离子选择性电极 1 支、饱和甘汞电极 1 支、电磁搅拌器 1 台、1000mL 容量瓶 1 只、50mL 容量瓶 7 只、5mL 移液管 1 支、5mL 量筒 1 只、塑料小烧杯若干。

（2）试剂

① 0.100mol $\cdot L^{-1}$ 氟离子标准溶液 准确称取 120℃ 干燥 2h 并经冷却的优级纯 NaF4.20g 于小烧杯中，用水溶解后，转移至 1000mL 容量瓶中配成溶液，然后转入洗净、干燥的塑料瓶中。

② 总离子强度调节缓冲液（TISAB） 于 1000mL 烧杯中加入 500mL 水和 57mL 冰乙酸，58g 氯化钠，12g 柠檬酸钠（$Na_3C_6H_5O_7 \cdot 2H_2O$），搅拌至溶解。将烧杯置于冷水中，在 pH 计的监测下，缓慢滴加 6mol $\cdot L^{-1}$ NaOH 溶液，至溶液 pH5.0～5.5，冷却至室温，转入 1000mL 容量瓶中，用水稀释至刻度摇匀。转入洗净、干燥的试剂瓶中。

③ 氟离子试液 浓度约为 $10^{-1} \sim 10^{-2}$ mol $\cdot L^{-1}$。

四、实验步骤

（1）按 pHs-3c 型酸度计或离子计操作步骤所述调试仪器，按下"pH/mV"键，切换至 mV 读数。

摘去甘汞电极的橡胶帽，并检查内电极是否浸入饱和 KCl 溶液中，如未浸入，应补充饱和 KCl 溶液。安装电极把离子选择电极（或金属电极）和参比电极夹在电极架上，用蒸馏水清洗电极头部，再用被测溶液清洗一次，把离子电极的插头插入测量电极插座处，把参比电极接入仪器后部的参比电极接口处。

（2）准确吸取 0.100mol $\cdot L^{-1}$ 氟离子标准溶液 5.00mL，置于 50mL 容量瓶中，加入 TISAB5.0mL，用水稀释至刻度，摇匀，得 pF2.000 溶液。

（3）吸取 pF2.000 溶液 5.00mL，置于 50mL 容量瓶中，加入 TISAB4.5mL，用水稀释至刻度，摇匀，得 pF3.000 溶液。

依照上述步骤，配制 pF4.000、pF5.000 和 pF6.000 的溶液。

(4) 将配制的标准溶液系列由低浓度到高浓度逐个转入塑料小烧杯中，并放入氟电极、饱和甘汞电极及搅拌子，开动搅拌器，调节至适当的搅拌速度，搅拌 3min，待读数基本稳定时，读取各溶液的 mV 值。

(5) 吸取氟离子试液 5.00mL，置于 50mL 容量瓶中，加入 5.0mLTISAB，用水稀释至刻度，摇匀。按标准溶液的测定步骤测定其电位 E_x 值。

五、实验数据记录及数据处理

1. 实验数据

pF 值	6.000	5.000	4.000	3.000	2.000
$-E/\text{mV}$					

$E_x = $ _____ mV。

2. 绘制标准曲线

以电动势 E 为纵坐标，pF 值为横坐标，绘制 E-pF 标准曲线。

3. 求氟离子的含量

在标准曲线上找出与 E_x 值相应的 pF 值，求得原始试液中氟离子的含量，以 $g \cdot L^{-1}$ 表示。

六、注意事项

(1) 氟离子选择电极在使用前，应在含 $10^{-4}\text{mol} \cdot L^{-1}F^-$ 或更低浓度的 F^- 溶液中浸泡（活化）约 30min。使用时，先用去离子水吹洗电极，再在去离子水中洗至电极的纯水电位（空白电位）。其方法是将电极浸入去离子水中，在离子计上测量其电位，然后，更换去离子水，观察其电位变化，如此反复进行处理，直至其电位稳定并达到它的纯水电位为止。氟离子选择性电极的纯水电位与电极组成（LaF_3 单晶的质量，内参比溶液的组成）有关，也与所用纯水的质量有关，一般为 -300mV 左右。

(2) 在使用时，一定要注意把溶液的 pH 控制在 5.0～6.0 之间。因为氟离子选择性电极有较好的选择性，主要干扰离子是 OH^-。

在碱性溶液中，电极表面会发生反应：

$$LaF_3 + 3OH^- \longrightarrow La(OH)_3 + 3F^-$$

在较高的酸度下，由于 HF 和 HF_2^- 的生成，会使 F^- 活度降低。

(3) 氟离子选择电极若暂不使用，宜于干放。

七、思考题

(1) 本实验测定的是 F^- 活度，还是浓度？为什么？

(2) 测定 F^- 时，加入的 TISAB 由哪些成分组成？各起什么作用？

(3) 测定 F^- 时，为什么要控制酸度，pH 过高或过低有何影响？

(4) 测定标准溶液系列时，为什么按从稀到浓的顺序进行？

实验 4.29　五水合硫酸铜的制备和提纯

一、实验目的

(1) 通过 $CuSO_4$ 的提纯，加深对有关理论知识的理解。

(2) 熟悉溶解、加热、过滤、蒸发、结晶等无机制备中的基本操作。

二、实验原理

粗硫酸中含有不溶性杂质和可溶性杂质如 $FeSO_4$、$Fe_2(SO_4)_3$ 等，前者可以通过过滤法除去，杂质 $FeSO_4$ 需用 H_2O_2 或 Br_2 水将 Fe^{2+} 氧化成 Fe^{3+} 后，调溶液的 pH 为 4.0 左右，使 Fe^{3+} 水解为 $Fe(OH)_3$ 沉淀而除去，其反应方程式如下：

$$2FeSO_4 + H_2SO_4 + H_2O_2 \longrightarrow Fe_2(SO_4)_3 + 2H_2O$$

$$Fe^{3+} + 3H_2O \xrightarrow{pH4} Fe(OH)_3 \downarrow + 3H^+$$

除去铁离子后的滤液，用 KSCN 检验，如无 Fe^{3+} 存在，即可蒸发结晶，其他微量可溶性杂质在硫酸铜结晶时，仍留在母液中，过滤时可与硫酸铜分离。

三、仪器与试剂

（1）仪器　托盘天平、精制硫酸铜回收瓶、长颈漏斗及漏斗架各 1 只、布氏漏斗及吸滤瓶、蒸发皿 1 只、100mL 烧杯 1 只、酒精灯 1 只、三脚架 1 只、石棉网 1 块、试管夹 1 个。

（2）试剂　$2mol \cdot L^{-1}$ HCl、$1mol \cdot L^{-1}$ H_2SO_4、$6mol \cdot L^{-1}$ $NH_3 \cdot H_2O$、$2mol \cdot L^{-1}$ NaOH、$1mol \cdot L^{-1}$ KSCN、3％ H_2O_2、滤纸、pH 试纸、粗硫酸铜。

四、实验步骤

（1）称取 5g 已研细的粗 $CuSO_4$ 放入 100mL 的烧杯中，加 20mL 蒸馏水，放石棉网上加热，用玻璃棒搅动促其溶解。

（2）于上面所得溶液中滴加 1mL $1mol \cdot L^{-1}$ H_2SO_4 和 2mL 3％ H_2O_2 溶液，将溶液继续加热，同时逐滴加入 $2mol \cdot L^{-1}$ NaOH 溶液直至 pH≈4.0（取 pH 试纸一条，用玻璃棒蘸少许溶液与 pH 试纸一端接触后，与 pH 试纸标准卡颜色比较，确定溶液 pH 值的大小），再加热 1～2min，停止加热，使 $Fe(OH)_3$ 沉降。用倾泻法在普通滤纸上趁热过滤，滤液收集于清洁的蒸发皿中。

（3）加 $1mol \cdot L^{-1}$ H_2SO_4 于滤液中调至 pH 为 1.0～2.0，然后在石棉网上加热、蒸发、浓缩至液面刚出现一层结晶膜，体积约 1mL 时，即停止加热。

（4）自然冷却至室温后在布氏漏斗上减压过滤，尽量抽干。

（5）停止抽滤，取出晶体，抽滤瓶中的母液倒入回收瓶中。

（6）在托盘天平上称出结晶质量，描述结晶外观，计算产率。

（7）硫酸铜纯度检验。

① 称 1g 已提纯的硫酸铜放入干净的小烧杯中，加 10mL 蒸馏水溶解，加入 1mL $1mol \cdot L^{-1}$ H_2SO_4 酸化（可用 pH 试纸测定），再加入 2mL 3％ H_2O_2，煮沸 1～2min，使 Fe^{2+} 氧化为 Fe^{3+}。

② 冷却后，在搅拌下逐滴加入 $6mol \cdot L^{-1}$ $NH_3 \cdot H_2O$，直至生成的蓝色沉淀全部溶解，溶液呈深蓝色为止，其反应为：

$$Fe^{3+} + 3NH_3 + 3H_2O \longrightarrow Fe(OH)_3 + 3NH_4^+$$

$$2CuSO_4 + 2NH_3 + 2H_2O \longrightarrow Cu_2(OH)_2SO_4 \downarrow (蓝色) + (NH_4)_2SO_4$$

$$Cu_2(OH)_2SO_4 + (NH_4)_2SO_4 + 6NH_3 \longrightarrow 2[Cu(NH_3)_4]SO_4 (深蓝色) + 2H_2O$$

③ 过滤，用滴管将 $6mol \cdot L^{-1}$ 氨水滴至滤纸上，洗涤，直至滤纸上的蓝色洗去为止，弃去滤液。

④ 用滴管将 3mL 热的 $2mol \cdot L^{-1}$ HCl 滴在滤纸上溶解 $Fe(OH)_3$，通过滤纸的溶液

收集于干净的试管中，若一次不能完全溶解，可将滤下的滤液加热，再滴至滤纸上。

⑤ 在滤液中滴一滴 $1mol \cdot L^{-1}$ KSCN，观察血红色的产生。

$$Fe^{3+} + 6SCN^- \longrightarrow [Fe(SCN)_6]^{3-}（血红色）$$

Fe^{3+} 越多，红色越深，可根据红色的深浅评定产品的纯度。若残留 Fe^{3+} 过多，则需二次提纯。

（8）剩余产品倒入回收瓶中。

五、实验数据记录及数据处理

（1）产品外观：

（2）产品质量（g）：

（3）产品回收率（%）：

六、注意事项

（1）加 H_2O_2 前，需先加硫酸酸化。加 H_2O_2 时应缓慢分次滴加，并搅拌均匀，防止局部氧化。

（2）蒸发浓缩至表面有晶膜出现即可，不可将溶液蒸干，可防止晶体飞溅，并使微量可溶性杂质留在母液中。

（3）浓缩液自然冷却至室温。

（4）抽滤完毕后，先打开安全阀，后停止抽气，防止因倒吸而损坏真空泵。

七、思考题

（1）本实验关键的操作是哪几步？如何避免失误？

（2）提纯过程中为什么不用 HCl 或 HNO_3 酸化？

提高性实验及设计实验

实验 5.1 硫酸亚铁铵的制备及质量鉴定

一、实验目的

(1) 制备复盐 $(NH_4)_2SO_4 \cdot FeSO_4 \cdot 6H_2O$，了解复盐的特性。

(2) 掌握高锰酸钾滴定法测定铁（Ⅱ）的方法和原理。

(3) 巩固练习水浴加热、减压过滤和蒸发结晶等基本操作。

二、实验原理

铁屑溶于稀硫酸，生成 $FeSO_4$。反应式如下：

$$Fe + H_2SO_4 \longrightarrow FeSO_4 + H_2 \uparrow$$

等物质的量 $FeSO_4$ 与 $(NH_4)_2SO_4$ 作用，能生成溶解度较小的硫酸亚铁铵 $(NH_4)_2SO_4 \cdot FeSO_4 \cdot 6H_2O$，商品名称为莫尔盐。莫尔盐为浅蓝色单斜晶体，在空气中比一般亚铁盐稳定，不易被氧化，溶于水不溶于乙醇，是常用的化学试剂之一。尤其在定量分析中常用来配制亚铁离子的标准溶液。

$$FeSO_4 + (NH_4)_2SO_4 + 6H_2O \longrightarrow (NH_4)_2SO_4 \cdot FeSO_4 \cdot 6H_2O$$

和其他复盐一样，$(NH_4)_2SO_4 \cdot FeSO_4 \cdot 6H_2O$ 在水中的溶解度比组成的每一组分 $FeSO_4$ 或 $(NH_4)_2SO_4$ 的溶解度都要小。三种盐的溶解度数据列于表 5-1。因此，将含有 $(NH_4)_2SO_4$ 和 $FeSO_4$ 的溶液经蒸发浓缩，冷却结晶，首先得到浅蓝色的 $(NH_4)_2SO_4 \cdot FeSO_4 \cdot 6H_2O$ 复盐晶体。

表 5-1　三种盐的溶解度　　　　　单位：$g \cdot (100g\ H_2O)^{-1}$

温度/℃	$FeSO_4 \cdot 7H_2O$	$(NH_4)_2SO_4$	$(NH_4)_2SO_4 \cdot FeSO_4 \cdot 6H_2O$
10	20.0	73.0	17.2
20	26.5	75.4	21.6
30	32.9	78.0	28.1

硫酸亚铁和硫酸亚铁铵含量测定采用高锰酸钾滴定法。在酸性介质中，Fe^{2+} 可被 $KMnO_4$ 定量氧化为 Fe^{2+}，高锰酸钾本身的紫红色可以指示滴定终点的到达。反应式如下：

$$5Fe^{2+} + MnO_4^- + 8H^+ \longrightarrow 5Fe^{3+} + Mn^{2+} + 4H_2O$$

$KMnO_4$ 浓度计算公式（以 $mol \cdot L^{-1}$ 为单位）：

$$c(KMnO_4) = \frac{m[(NH_4)_2SO_4 \cdot FeSO_4 \cdot 6H_2O]}{5M[(NH_4)_2SO_4 \cdot FeSO_4 \cdot 6H_2O]}$$

三、仪器与试剂

(1) 仪器　电炉、托盘天平、电子天平、水循环真空泵、真空干燥箱、250mL 锥形瓶、蒸发皿、吸滤瓶、烧杯（100mL，50mL，250mL）、水浴锅、量筒（100mL，50mL，10mL）、布氏漏斗、棕色酸式滴定管、称量瓶、表面皿、比色管。

(2) 浓度　铁屑、3mol·L^{-1} 和 6mol·L^{-1} H$_2$SO$_4$、铁屑、10％ Na$_2$CO$_3$、(NH$_4$)$_2$SO$_4$ (s)、85％ H$_3$PO$_4$、标准溶液（$\frac{1}{5}$KMnO$_4$ 0.1000mol·L^{-1}）、无水乙醇、3mol·L^{-1} HCl、KSCN 溶液。

四、实验步骤

1. 铁屑的净化（去油污）

称取 4g 铁屑，放在锥形瓶中，加 10％ Na$_2$CO$_3$ 溶液 20mL，缓缓加热约 10min，用倾析法除去碱液，用水把铁屑冲洗干净。

2. FeSO$_4$ 的制备

往盛有净化后铁屑的烧杯中加入 15mL 6mol·L^{-1} H$_2$SO$_4$，放在恒温水浴上加热（70～80℃）反应至不再有大量气泡放出（约 25min，反应过程中适量补充水）后，趁热抽滤，将滤液转入 50mL 蒸发皿中。由已作用的铁粉质量算出溶液中 FeSO$_4$ 的量。

3. (NH$_4$)$_2$SO$_4$ · FeSO$_4$ · 6H$_2$O 的制备

根据溶液中 FeSO$_4$ 的量，按反应方程式计算并用电子天平称取所需 (NH$_4$)$_2$SO$_4$ 固体的量，倒入上面制得的 FeSO$_4$ 溶液中。在水浴上轻轻搅拌使硫酸铵完全溶解（若溶不完可加适量去氧水）后，让其静置恒温蒸发浓缩至液面出现一层晶膜为止。取下蒸发皿，冷却至室温，使 (NH$_4$)$_2$SO$_4$ · FeSO$_4$ · 6H$_2$O 结晶出来。抽滤除去母液，再用少量酒精洗去表面的水分，抽干。将晶体转入表面皿中，经真空干燥后称量。

4. 产品检验

铁（Ⅲ）的限量分析：称 1g 样品置于 25mL 比色管中，用 15mL 不含氧的蒸馏水溶解。加入 2mL 3mol·L^{-1} HCl 和 1mL KSCN 溶液，继续加不含氧的蒸馏水至 25mL 刻度。摇匀，所呈现的红色不得深于标准。

标准：取含有下列数量 Fe^{3+} 的溶液 15mL。

Ⅰ级试剂：0.05mg。

Ⅱ级试剂：0.10mg。

Ⅲ级试剂：0.20mg。

然后与样品同样处理。

5. 含量的测定

称取 0.8～0.9g 产品于 250mL 锥形瓶中，加 50mL 去氧水，15mL 3mol·L^{-1} H$_2$SO$_4$，2mL 85％ H$_3$PO$_4$，使试样溶解。从滴定管中放出约 10mL KMnO$_4$ 标准溶液入锥形瓶中，加热至 70～80℃，再继续用 KMnO$_4$ 标准溶液滴定至溶液刚出现微红色（30s 内不消失）为终点。

五、实验数据记录与数据处理

1. 计算 FeSO$_4$ 的质量

$m(\text{FeSO}_4) = $

2. 计算 KMnO_4 溶液的浓度

次数 项目	I	II	III
$(\text{NH}_4)_2\text{SO}_4 \cdot \text{FeSO}_4 \cdot 6\text{H}_2\text{O}$ 的质量/g			
$V(\text{KMnO}_4)$ 终读数/mL			
$V(\text{KMnO}_4)$ 初读数/mL			
$V(\text{KMnO}_4)$/mL			
$c(\text{KMnO}_4)$/mol·L^{-1}			
$\bar{c}(\text{KMnO}_4)$/mol·L^{-1}			
个别测定值的绝对偏差			
平均偏差			
相对平均偏差/%			

3. 评价与分析

通过与溶液的实际浓度比较，对产品的纯度作出评价，并分析原因。

六、注意事项

（1）由于铁屑中存在硫化物（FeS 等）、磷化物（Fe_2P、Fe_3P 等），以及少量固溶态的砷，在非氧化性稀 H_2SO_4 溶液中，以 H_2S、PH_3、AsH_3 的形式挥发出，它们都有毒性，所以实验最好在通风橱中进行。

（2）硫酸亚铁铵溶液的过滤最好用热的滤瓶和漏斗，趁热过滤以免出现结晶。溶液的总体积控制在 20mL 左右，体积过大会造成后面蒸发时间拉长，使产品中铁（Ⅲ）含量升高，体积过小会产生结晶，因此洗涤残渣的水量应加以控制。

（3）用高锰酸钾溶液滴定时，加热可使反应加快，最高温度不超过 85℃，滴定终点时，溶液的温度不低于 60℃。

（4）高锰酸钾溶液应装在棕色酸式滴定管中，由于其溶液颜色很深，不易观察溶液弯月面的最低点，因此应该从液面最高边上读数。

七、思考题

（1）实验中哪些环节和因素对产品的质量有较大影响？

（2）高锰酸钾滴定法测定 FeSO_4 和 $(\text{NH}_4)_2\text{SO}_4 \cdot \text{FeSO}_4 \cdot 6\text{H}_2\text{O}$ 时，加入磷酸起什么作用？

（3）滴定时为何要先往被滴定的溶液放入部分 KMnO_4 标准溶液，加热至 $70\sim80℃$ 后再继续用 KMnO_4 标准溶液滴定至终点？

（4）实验中有些地方为何要用去氧水，如何制取去氧水？

实验 5.2 冬青树叶中叶绿素含量的测定

一、实验目的

（1）掌握分光光度计的结构与使用方法。

（2）掌握叶绿素的提取方法。

(3) 掌握分光光度法测定叶绿素的原理和方法。

二、实验原理

根据叶绿体色素提取液对可见光谱的吸收，利用分光光度计在某一特定波长测定其吸光度，即可用公式计算出提取液中各色素的含量。根据朗伯-比尔定律，某有色溶液的吸光度 A 与其中溶质浓度 c 和液层厚度 L 成正比，即

$$A = acL$$

式中，a 为比例常数。当溶液浓度以百分浓度为单位，液层厚度为 1cm 时，a 为该物质的吸光系数。各种有色物质溶液在不同波长下的吸光系数可通过测定已知浓度的纯物质在不同波长下的吸光度而求得。如果溶液中有数种吸光物质，则此混合液在某一波长下的总吸光度等于各组分在相应波长下吸光度的总和。这就是吸光度的加和性。今欲测定叶绿体色素混合提取液中叶绿素 a、叶绿素 b 的含量，只需测定该提取液在两个特定波长下的吸光度 A，并根据叶绿素 a、叶绿素 b 在该波长下的吸光系数即可求出其浓度。在测定叶绿素 a、叶绿素 b 时为了排除类胡萝卜素的干扰，所用单色光的波长选择叶绿素在红光区的最大吸收峰。

已知叶绿素 a、叶绿素 b 的 80% 丙酮提取液在红外光区的最大波长分别为 663nm 和 645nm，又知在波长 663nm 下，叶绿素 a、叶绿素 b 在该溶液中的吸光系数分别为 82.04 和 9.27，在波长 645nm 下分别为 16.75 和 45.60，可根据加和性原则列出以下关系式：

$$A_{663} = 82.04c_a + 9.27c_b \tag{5-1}$$
$$A_{645} = 16.75c_a + 45.6c_b \tag{5-2}$$

式中，A_{663} 和 A_{645} 为叶绿素溶液在波长 663nm 和波长 645nm 时的吸光度；c_a 和 c_b 分别为叶绿素 a 和叶绿素 b 的浓度，$mg \cdot L^{-1}$。

解方程组得：

$$c_a = 12.72A_{663} - 2.59A_{645} \tag{5-3}$$
$$c_b = 22.88A_{645} - 4.6A_{663} \tag{5-4}$$
$$c_{总} = 20.29A_{645} + 8.02A_{663} \tag{5-5}$$

三、仪器与试剂

(1) 仪器　722 型分光光度计、电子天平、研钵、25mL 棕色容量瓶、小漏斗、定量滤纸、吸水纸、量筒、擦镜纸和滴管。

(2) 试剂　新鲜（或烘干）的植物叶片、80% 丙酮、石英砂、碳酸钙粉。

四、实验步骤

(1) 鲜冬青树叶，擦净组织表面污物。把叶片剪成小于 1mm 的细丝或小块（去掉中脉），混匀，分别准确称取剪碎的叶片 0.2g，放入研钵中，加少量石英砂和碳酸钙粉及 3～5mL 80% 丙酮，研成匀浆，继续研磨至组织变白。静置 3～5min。

(2) 取滤纸 1 张，置漏斗中，用丙酮湿润，沿玻璃棒把提取液倒入漏斗中，过滤到 25mL 棕色容量瓶中，用少量丙酮冲洗研钵、研棒及残渣数次，最后连同残渣一起倒入漏斗中。

(3) 用滴管吸取丙酮，将滤纸上的叶绿体色素全部洗入漏斗中。直至滤纸和残渣中无绿色为止。最后用丙酮定容至 25mL，摇匀。

(4) 将叶绿素提取液置于 1cm 的比色皿中，用 80% 的丙酮液作参比，用 722 型分光光度计在波长 663nm、645nm 下测定吸光度，平行测定 3 份。

五、实验数据记录与数据处理

1. 测定吸光度

编号	1	2	3
$A_总$			

2. 计算植物叶绿素含量

将测定的吸光度值代入式(5-5)，得：

$c_总 = 20.29A_{645} + 8.02A_{663}$

据此即可得到叶绿素的浓度。最后根据下式可进一步求出植物组织中叶绿素的含量（以 $mg \cdot g^{-1}$ 表示）。

$$植物叶绿素含量 = \frac{色素液的浓度 \times 提取液 \times 稀释倍数}{样品鲜重（或干重）}$$

六、注意事项

（1）植物叶片尽量剪碎去中脉、混匀。

（2）浸提一定要完全，否则会影响结果。

七、思考题

为什么提取叶绿素时干材料一定要用 80% 的丙酮，而新鲜的材料可以用无水丙酮提取？

实验 5.3　水体中溶解氧的测定——碘量法

一、实验目的

1. 掌握碘量法测定水体中溶解氧的基本原理和实验方法。

2. 了解此法的实验条件和误差来源。

二、实验原理

水中溶解氧的测定，一般用碘量法。在水中加入硫酸锰或碱性碘化钾溶液，生成氢氧化锰沉淀。此时氢氧化锰性质极不稳定，迅速与水中溶解氧化合生成锰酸锰。反应式如下：

$$2MnSO_4 + 4NaOH \longrightarrow 2Mn(OH)_2 \downarrow + 2Na_2SO_4$$
$$2Mn(OH)_2 + O_2 \longrightarrow 2H_2MnO_3$$
$$H_2MnO_3 + Mn(OH)_2 \longrightarrow MnMnO_3 \downarrow + 2H_2O$$
$$（棕色沉淀）$$

加入浓硫酸使棕色沉淀（$MnMnO_3$）与溶液中所加入的碘化钾发生反应，而析出碘，溶解氧越多，析出的碘也越多，溶液的颜色也就越深。

$$2KI + H_2SO_4 \longrightarrow 2HI + K_2SO_4$$
$$MnMnO_3 + 2H_2SO_4 + 2HI \longrightarrow 2MnSO_4 + I_2 + 3H_2O$$
$$I_2 + 2Na_2S_2O_3 \longrightarrow 2NaI + Na_2S_4O_6$$

用移液管取一定量的反应完毕的水样，以淀粉作指示剂，用标准溶液滴定，计算出水样中的溶解氧的含量。

三、仪器与试剂

（1）仪器　溶解氧瓶（250mL）、锥形瓶（250mL）、滴定管（25mL）和移液管（50mL）。

（2）试剂

① 硫酸锰溶液　溶解480g分析纯硫酸锰（$MnSO_4 \cdot H_2O$）溶于蒸馏水中，过滤后稀释成1L。

② 碱性碘化钾溶液　取500g分析纯氢氧化钠溶解于300～400mL蒸馏水中（如氢氧化钠溶液表面吸收二氧化碳生成碳酸钠，此时如有沉淀生成，可过滤除去）。另取150g碘化钾溶解于200mL蒸馏水中，将上述两种溶液合并，加蒸馏水稀释至1L。

③ 硫代硫酸钠溶液（$0.0250 \text{mol} \cdot \text{L}^{-1}$）　溶解6.2g分析纯硫代硫酸钠（$Na_2S_2O_3 \cdot 5H_2O$）于煮沸放冷的蒸馏水中，然后再加入0.2g无水碳酸钠，移入1L的容量瓶中，加入蒸馏水至刻度（$0.0250 \text{mol} \cdot \text{L}^{-1}$）。为了防止分解可加入氯仿数毫升，贮于棕色瓶中用前进行标定。

a. 重铬酸钾标溶液　精确称取于110℃干燥2h的分析纯重铬酸钾1.2258g，溶于蒸馏水中，移入1L容量瓶中，稀释至刻度（$0.0250 \text{mol} \cdot \text{L}^{-1}$）。

b. 用 $0.0250 \text{mol} \cdot \text{L}^{-1}$ 重铬酸钾标准溶液标定硫代硫酸钠的浓度　在250mL锥形瓶中加入1g固体碘化钾及50mL蒸馏水。用滴定管加入15.00mL $0.0250 \text{mol} \cdot \text{L}^{-1}$重铬酸钾溶液，再加入5mL 1:5的硫酸溶液，此时发生下列反应：

$$K_2Cr_2O_7 + 6KI + 7H_2SO_4 \longrightarrow 4K_2SO_4 + Cr_2(SO_4)_3 + 3I_2 + 7H_2O$$

在暗处静置5min后，由滴定管滴入硫代硫酸钠溶液至溶液呈浅黄色，加入2mL淀粉溶液，继续滴定至蓝色刚好褪去为止。记下硫代硫酸钠溶液的用量。标定应做3份平行样，求出硫代硫酸钠的准确浓度。

$$c(Na_2S_2O_3) = \frac{15.00\text{mL} \times 0.0250 \text{mol} \cdot \text{L}^{-1}}{V(Na_2S_2O_3)}$$

④ 浓硫酸　1:5。

⑤ 1%淀粉溶液　称取1g可溶性淀粉，用少量水调成糊状，再用刚煮沸的水稀释至100mL。冷却后，加入0.1g水杨酸或0.4g氯化锌防腐。

四、实验步骤

1. 水样的采集与固定

（1）用溶解氧瓶取水面下20～50cm的湖水，使水样充满250mL的磨口瓶中，用尖嘴塞慢慢盖上，不留气泡。

（2）在岸边取下瓶盖，用移液管吸取硫酸锰溶液1mL插入瓶内液面下，缓慢放出溶液于溶解氧瓶中。

（3）取另一只移液管，按上述操作往水样中加入2mL碱性碘化钾溶液，盖紧瓶塞，将瓶颠倒振摇使之充分摇匀。此时，水样中的氧被固定生成锰酸锰棕色沉淀。将固定了溶解氧的水样带回实验室备用。

2. 酸化

往水样中加入2mL浓硫酸，盖上瓶塞，摇匀，直至沉淀物完全溶解为止（若没全溶解还可再加少量）。此时，溶液中有I_2产生，将瓶在阴暗处放5min，使I_2全部析出来。

3. 用标准溶液滴定

（1）用 50mL 移液管从瓶中取水样于 250mL 锥形瓶中。

（2）用标准 $Na_2S_2O_3$ 溶液滴定至浅黄色。

（3）向锥形瓶中加入淀粉溶液 2mL。

（4）继续用 $Na_2S_2O_3$ 标准溶液滴定至蓝色变成无色为止。

（5）记下消耗 $Na_2S_2O_3$ 标准溶液的体积。

（6）按上述方法平行测定 3 次。

五、实验数据记录与数据处理

（1）自行设计数据记录表格。

（2）溶解氧计算公式（以 $mg \cdot L^{-1}$ 表示）

$$溶解氧 = c(Na_2S_2O_3)V(Na_2S_2O_3) \times \frac{32g \cdot mol^{-1}}{4} \times \frac{1000}{V(H_2O)}$$

$$O_2 \longrightarrow 2Mn(OH)_2 \longrightarrow MnMnO_3 \longrightarrow 2I_2 \longrightarrow 4Na_2S_2O_3$$

1mol 的 O_2 和 4mol 的 $Na_2S_2O_3$ 相当，用硫代硫酸钠的物质的量乘氧的物质的量除以 4 可得到氧的质量（mg），再乘 1000 可得每升水样所含氧的质量（mg）。

六、注意事项

（1）如果水样中含有氧化性物质（如游离氯大于 $0.1mg \cdot L^{-1}$ 时），应预先于水样中加入硫代硫酸钠去除。即用两个溶解氧瓶各取一瓶水样，在其中一瓶加入 5mL(1∶5) 硫酸和 1g 碘化钾，摇匀，此时游离出碘。以淀粉作指示剂，用硫代硫酸钠溶液滴定至蓝色刚好褪色。记下用量（相当于去除游离氯的量）。于另一瓶水样中，加入同样量的硫代硫酸钠溶液，摇匀后，按操作步骤测定。

（2）如果水样呈强酸性或强碱性，可用氢氧化钠或硫酸溶液调至中性后测定。

七、思考题

（1）水体中的溶解氧与哪些因素有关？

（2）如果水体被易于氧化的有机物污染，则水中所含溶解氧会怎样变化？

（3）在一条流动的河水中，怎样取水样来测定溶解氧？

实验 5.4　食醋中总酸度的测定

一、实验目的

（1）熟练掌握滴定管、容量瓶和移液管的使用方法和滴定操作技术。

（2）掌握氢氧化钠标准溶液的配制和标定方法。

（3）了解强碱滴定弱酸的反应原理及指示剂的选择。

（4）学会食醋中总酸度的测定方法。

二、实验原理

食醋中的主要成分是醋酸，此外还含有少量的其他弱酸如乳酸等，用氢氧化钠标准溶液滴定，在化学计量点时呈弱碱性，选用酚酞作指示剂，测得的是总酸度。

三、仪器与试剂

（1）仪器　电子天平、托盘天平、吸量管、移液管、100mL 容量瓶、250mL 锥形瓶、碱式滴定管。

（2）试剂　食醋、邻苯二甲酸氢钾、NaOH 标准溶液、酚酞指示剂。

四、实验内容

1. 0.1mol·L⁻¹ NaOH 溶液的配制与标定

（1）配制　用托盘天平称取 2.0g 固体 NaOH，用 500mL 无 CO₂ 的蒸馏水溶解，倒入具有橡胶塞的 500mL 试剂瓶中，摇匀后贴上标签。

（2）标定　准确称取邻苯二甲酸氢钾 5.0g（准确至 0.1mg），于 50mL 小烧杯中，用适量蒸馏水溶解，转移至 250mL 容量瓶中，用蒸馏水定容。

（3）测定　用移液管准确移取 25.00mL 邻苯二甲酸氢钾标准溶液于 250mL 锥形瓶中，再加 2 滴酚酞指示剂，用 NaOH 标准溶液滴至溶液刚好由无色变成粉红色，并保持 30s 不褪色，记下所消耗的 NaOH 溶液体积，平行测定 3 次。计算标准溶液的浓度。

2. 食醋总酸度的测定

准确吸取醋样 10.00mL 于 100mL 容量瓶中，用蒸馏水稀释至刻度，摇匀，用移液管移取 25.00mL 稀释过的醋样于 250mL 锥形瓶中，加水 25mL，加酚酞指示剂 2～3 滴，用已标定的 NaOH 标准溶液滴定至溶液呈现粉红色，并保持 30s 不褪色，即为终点。根据 NaOH 溶液的用量，计算食醋的总酸度。

五、实验数据记录与数据处理

1. NaOH 溶液浓度的测定

$$c(\text{NaOH}) = \frac{m(\text{KHC}_8\text{O}_4\text{H}_4)}{M(\text{KHC}_8\text{O}_4\text{H}_4)V(\text{NaOH})} \times \frac{25.00\text{mL}}{250.0\text{mL}} \times 1000$$

项　目		I	II	III
$m(\text{KHC}_8\text{O}_4\text{H}_4)/\text{g}$				
$\text{KHC}_8\text{O}_4\text{H}_4$ 稀释体积/mL				
吸取 $\text{KHC}_8\text{O}_4\text{H}_4$ 稀释液/mL				
NaOH 滴定读数/mL	终读数			
	始读数			
$V(\text{NaOH})/\text{mL}$				
$c(\text{NaOH})/\text{mol·L}^{-1}$				
$\bar{c}(\text{NaOH})/\text{mol·L}^{-1}$				
平均偏差				
标准偏差				

2. 食醋总酸度的测定

食醋总酸度计算公式［以 g·(100mL)⁻¹ 表示］：

$$\rho(\text{HAc}) = \frac{c(\text{NaOH})V(\text{NaOH})M(\text{HAc})/1000}{25.00\text{mL}} \times \frac{250.00\text{mL}}{25.00\text{mL}} \times 100$$

项　目		I	II	III
吸取醋样 V_s/mL				
将醋样溶液稀释至体积/mL				
吸取醋样稀释液/mL				
NaOH 滴定读数/mL	终读数			
	始读数			

项　　目	I	II	III
V(NaOH)/mL			
食醋的总酸度 $\rho/g \cdot (100mL)^{-1}$			
平均值/mg·L^{-1}			
平均偏差			
标准偏差			

六、注意事项

(1) 食醋中醋酸的浓度较大，且颜色较深，故必须稀释后再进行滴定。

(2) 测定醋酸含量时，所用的蒸馏水不能含有二氧化碳，否则会溶于水中生成碳酸，将同时被滴定。

七、思考题

(1) 测定醋酸时，为什么要用酚酞作指示剂？

(2) 食醋中总酸度测定的测定原理是什么？

实验 5.5　土壤中有机质含量的测定

一、实验目的

土壤有机物包括各种动植物残体以及微生物及其生命活动的各种有机产物。土壤有机物是土壤固相物质的一个重要组成部分，它一方面为植物的生长发育提供了所必需的各种营养元素；另一方面对土壤结构的形成，改善土壤物理性状，对调节土壤水分、空气和温度及其比例也有重要作用。因此常把土壤有机质含量看作衡量土壤肥力的一个指标。

二、实验原理

在 170～180℃条件下，用标准重铬酸钾的硫酸溶液氧化土壤有机质（碳），剩余的重铬酸钾以硫酸亚铁溶液滴定，从所消耗的重铬酸钾量计算有机质含量。测定过程的化学反应式如下：

$$2K_2Cr_2O_7 + 3C + 8H_2SO_4 \longrightarrow 2K_2SO_4 + 2Cr_2(SO_4)_3 + 3CO_2 + 8H_2O$$
$$K_2Cr_2O_7 + 6FeSO_4 + 7H_2SO_4 \longrightarrow K_2SO_4 + Cr_2(SO_4)_3 + 3Fe_2(SO_4)_3 + 7H_2O$$

三、仪器与试剂

(1) 仪器　锥形瓶、漏斗、恒温箱、酸式滴定管。

(2) 试剂

① 0.8000mol·L^{-1} (1/6 K$_2$Cr$_2$O$_7$) 溶液　将 K$_2$Cr$_2$O$_7$（分析纯）先在 130℃烘干 2～3h，称取 39.2250g，在烧杯中加蒸馏水 400mL 溶解（必要时加热促进溶解），冷却后，稀释定容到 1L。

② 0.1mol·L^{-1} FeSO$_4$ 溶液　称取化学纯 FeSO$_4$·7H$_2$O 56g 或 (NH$_4$)$_2$SO$_4$·FeSO$_4$·6H$_2$O 78.4g，加 3mol·L^{-1} 硫酸 30mL 溶解，加水稀释定容到 1L，摇匀备用。

0.1mol·L^{-1} FeSO$_4$ 溶液标定：吸取 0.1000mol·L^{-1} 重铬酸钾标准溶液 20.00mL 放入 150mL 锥形瓶中，加浓硫酸 3～5mL 和邻二氮菲指示剂 3 滴，以 FeSO$_4$ 溶液滴定，根据 FeSO$_4$ 溶液消耗量即可计算出 FeSO$_4$ 溶液的准确浓度。

③ 邻二氮菲指示剂　称取 $FeSO_4$ 0.695g 和邻二氮菲 1.485g 溶于 100mL 水中，此时试剂与 $FeSO_4$ 形成棕红色配合物 $[Fe(C_{12}H_8N_3)]^{2+}$。

④ $K_2Cr_2O_7$ 标准溶液　准确称取 130℃ 烘 2～3h 的 $K_2Cr_2O_7$（优级纯）4.904g，先用少量水溶解，然后无损地移入 1000mL 容量瓶中，加水定容，此标准溶液浓度 $c(1/6\ K_2Cr_2O_7)=0.1000mol·L^{-1}$。

⑤ 硫酸银粉末、风干土样。

四、实验步骤

（1）准确称取通过 0.25mm 筛孔的风干土样 0.100～0.500g，倒入 150mL 锥形瓶中，加入硫酸银粉末 0.1g，准确加入 0.8000mol·L⁻¹（$1/6K_2Cr_2O_7$）5.00mL，再用注射器注入 5mL 浓硫酸，小心摇匀，管口放一小漏斗，以冷凝蒸出的水汽。

（2）先将恒温箱的温度升至 185℃，然后将待测样品放入温箱中加热，让溶液在 170～180℃ 条件下沸腾 5min。

（3）取出锥形瓶，待其冷却后用蒸馏水冲洗小漏斗和锥形瓶内壁，洗入液的总体积应控制在 50mL 左右，然后加入邻二氮菲指示剂 3 滴，用 0.1mol·L⁻¹ $FeSO_4$ 溶液滴定，溶液先由黄变绿，再突变到棕红色时即为滴定终点（要求滴定终点时溶液中 H_2SO_4 的浓度为 1～1.5mol·L⁻¹）。

（4）测定每批样品时，以灼烧过的土壤代替土样作两个空白试验。

注意：若样品测定时消耗的 $FeSO_4$ 量低于空白的 1/3，则应减少土壤称量。

五、实验数据记录与数据处理

（1）自行设置数据记录表格。

（2）计算公式：

$$OM=\frac{c(V_0-V)\times 0.003g·mmol^{-1}\times 1.724\times 1.10}{m}\times 1000$$

式中，OM 为土壤有机质的质量分数，$g·kg^{-1}$；V_0 为滴定空白时所耗用 $FeSO_4$ 体积，mL；V 为滴定土样时所用 $FeSO_4$ 体积，mL；c 为硫酸亚铁标准溶液的浓度，$mol·L^{-1}$；0.003 为碳毫摩尔质量（0.012 被反应中电子得失数 4 除得 0.003），$g·mmol^{-1}$；1.724 为有机质含碳量平均为 58%，故测出的碳转化为有机质时的系数为 100/58≈1.724；1.10 为氧化校正系数；m 为称取烘干试样的质量，g。

六、注意事项

（1）含有机质 5% 者，称土样 0.1g，含有机质 2%～3% 者，称土样 0.3g，少于 2% 者，称土样 0.5g 以上。若待测土壤有机质含量大于 15%，氧化不完全，不能得到准确结果。因此，应用固体稀释法进行弥补。方法是：将 0.1g 土样与 0.9g 高温灼烧已除去有机质的土壤混合均匀，再进行有机质测定，按取样十分之一计算结果。

（2）测定石灰土壤样品时，必须慢慢加入浓 H_2SO_4，以防止由于 $CaCO_3$ 分解而引起的激烈发泡。

（3）消煮时间对测定结果影响极大，应严格控制试管内或烘箱中锥形瓶内溶液沸腾时间 5min。

（4）消煮的溶液颜色，一般应是黄色或黄中稍带绿色。如以绿色为主，说明重铬酸钾用量不足。若滴定时消耗的硫酸亚铁量小于空白用量的 1/3，可能氧化不完全，应减少土样重做。

（1）土壤样品怎样取样？
（2）取样回来的土壤该进行怎样预处理？

实验 5.6　工业废水中铬的价态的分析

一、实验目的

（1）学会分光光度法测定废水中六价铬与三价铬含量的原理和方法。

（2）掌握分光光度计和吸量管的使用方法。

（3）掌握标准曲线法的实验技术。

二、实验原理

工业废水中铬的化合物的常见的价态有 +6 价和 +3 价两种。而 +6 价铬有致癌性，易被人体吸收并体内蓄积，因此认为 +6 价铬比 +3 价铬的毒性要大得多，为强毒性。另外，据研究，尽管 +3 价铬的毒性较低，对鱼类的毒性却很大。由于铬的毒性及危害与其价态有关，因此，测定水体系中铬的化合物必须进行不同价态铬的含量的分析。

分光光度法测定六价铬，常用二苯碳酰二肼（DPCI）作为显色剂。DPCI 在酸性条件下（$1.0 mol \cdot L^{-1} H_2SO_4$），可与 Cr(Ⅵ) 发生显色反应生成紫红色配合物，最大吸收波长为 540nm 左右，其摩尔吸光系数为 $2.6 \times 10^4 \sim 4.17 \times 10^4 L \cdot mol^{-1} \cdot cm^{-1}$。反应方程式为：

如将试样中的 +3 价铬先用高锰酸钾氧化成 +6 价的铬，再将总的铬含量减去上述所直接测得的 +6 价铬的含量，即得 +3 价铬的含量。

实验中，Mo^{6+}、V^{5+}、Fe^{3+} 等有干扰，其中 Mo^{6+} 干扰较小，Fe^{3+} 的干扰可用加入磷酸的办法消除，V^{5+} 与显色剂生成的干扰物的颜色则可通过发色后放置 10～15min 的办法消除。

三、仪器与试剂

（1）仪器　7200 型分光光度计、50mL 和 100mL 容量瓶、1cm 比色皿、5mL 和 10mL 吸量管、移液管、烧杯。

（2）试剂

① 铬标准贮备溶液（$0.100 mg \cdot mL^{-1}$）　准确称取 0.2830g 在 110℃ 经 2h 干燥过的分析纯 $K_2Cr_2O_7$ 于干燥小烧杯，溶解后定量转移至 1000mL 容量瓶中，用水稀释至刻度，摇匀。

② 铬标准溶液（$3.0 \mu g \cdot mL^{-1}$）　准确移取 Cr(Ⅵ) 贮备液 15.0mL 于 500mL 容量瓶中，用水稀释至刻度，摇匀。

③ 二苯碳酰二肼溶液（DPCI）　称取 0.2g DPCI，用 100mL 95% 的丙酮溶解，再加入 100mL H_2SO_4（1∶9）摇匀。贮于棕色瓶中，放入冰箱中保存，如试剂溶液变色，不宜使用。

④ 0.5% $KMnO_4$。

⑤ 10% $NaNO_2$。

⑥ 20%尿素溶液。

⑦ 2.0mol·L^{-1}硫酸。

四、实验步骤

1. 标准曲线的制作

准确移取 0.0、2.0mL、4.0mL、6.0mL、8.0mL、10.0mL 和 12.0mL 3.0μg·mL^{-1}铬标准溶液，分别置于 50mL 容量瓶中，各加入 6.0mL 2mol·L^{-1} H_2SO_4、30mL 蒸馏水和 2.0mL 0.2%的 DPCI 溶液。摇匀，用水稀释至刻度，再次摇匀后，静置显色 5min，以试剂空白为参比，在 540nm 波长处测量各溶液的吸光度并绘制标准曲线。

2. 试样中铬含量的测定

（1）水样中总 Cr 的测定

① 准确移取 25.00mL 已处理过的废水样于 100mL 烧杯中，加入 2.0mol·L^{-1}硫酸 12mL，滴加 0.5% $KMnO_4$ 溶液至红色不褪。小心加热至近沸，若加热时红色褪去，可补加 0.5% $KMnO_4$ 溶液使红色保持。然后冷却至室温，逐滴加入 10% $NaNO_2$ 溶液，使红色刚刚褪去，再加入 20%尿素溶液 1mL 并搅拌 3～5min，待气泡放尽，转至 100mL 容量瓶中，用蒸馏水定容。

② 准确吸取上述溶液 0.50mL 于 50mL 容量瓶中，依次加入 2.0mol·L^{-1}硫酸 6.00mL，0.2%的 DPCI 溶液 2.00mL，用蒸馏水定容，摇匀，放置 5min。

③ 以 1 步中的试剂空白为参比，在 540nm 波长处测量其吸光度，从标准曲线上查出对应的 Cr（Ⅵ）浓度，计算水样中 Cr 的含量（mg·mL^{-1}）。

（2）水样中 Cr^{6+} 的测定

① 准确移取 25.00mL 已处理过的废水样于 100mL 容量瓶中，加入 2.0mol·L^{-1}硫酸 12mL，用蒸馏水定容。

② 准确吸取上述溶液 0.50mL 于 50mL 容量瓶中，依次加入 2.0mol·L^{-1}硫酸 6.0mL、0.1%的 DPCI 溶液 2.00mL，用蒸馏水定容，摇匀，放置 5min。

③ 以 1 步中的试剂空白为参比，在 540nm 波长处测量其吸光度，从标准曲线上查出对应的 Cr（Ⅵ）浓度，计算水样中 Cr 的含量（mg·mL^{-1}）。

（3）水样中总的 Cr^{3+} 测定

将总 Cr 减去 Cr^{6+} 的含量即为 Cr^{3+} 的含量。

五、注意事项

（1）本法适用于测定 Cr^{6+} 的含量，如果水样有色及浑浊时，可采用活性炭吸附法或沉淀分离法进行预处理。

（2）Cr^{6+} 与二苯碳酰二肼反应时，显色酸度一般控制在 0.05～0.3mol·L^{-1}，以 0.2mol·L^{-1}时显色最好。显色前，水样应调至中性显色时，温度和放置时间对显色有影响，在温度 15℃，5～10min 时颜色即稳定。

六、思考题

（1）为什么水样采集后，要在当天进行测定？

（2）在制作标准系列和水样显色时，加入 DPCI 溶液后，为什么要立即摇匀或边加边摇？

（3）测定总铬时，加入 $KMnO_4$ 溶液，如溶液颜色褪去，为何还要继续补加 $KMnO_4$ 溶液？

（4）本实验中哪些溶液的量取需要准确？哪些不必要很准确？

（5）使用分光光度计应注意什么问题？比色皿透光面为什么一定要干净？

实验 5.7　维生素 C 片中抗坏血酸含量的测定
（直接碘量法）

一、实验目的

（1）掌握碘标准溶液的配制及标定。

（2）掌握直接碘量法测定维生素 C 的基本原理及操作过程。

二、实验原理

维生素 C 的半反应式为

$C_6H_8O_6 \longrightarrow C_6H_6O_6 + 2H^+ + 2e^-$　　$\varphi^{\ominus} \approx +0.18V$

维生素 C 的摩尔质量为 $176.12g \cdot mol^{-1}$。1mol 维生素 C 与 1mol I_2 定量反应。该反应可以用于测定药片、注射液及果蔬中的维生素 C 含量。由于维生素 C 的还原性很强，在空气中极易被氧化，尤其在碱性介质中，测定时加入 HAc 使溶液呈弱酸性，减少维生素 C 的副反应。维生素 C 在医药和化学上应用非常广泛。在分析化学中常用在光度法和络合滴定法中作为还原剂，如使 Fe^{3+} 还原为 Fe^{2+}，Cu^{2+} 还原为 Cu^+，硒还原为硒（Ⅲ）等。

三、仪器与试剂

（1）仪器　分析天平、托盘天平、酸式滴定管、容量瓶、移液管、烧杯、锥形瓶、洗瓶等常规分析仪器。

（2）试剂　I_2 标准溶液 $[c(I_2) = 0.050mol \cdot L^{-1}]$、$0.01mol \cdot L^{-1}$ $Na_2S_2O_3$ 标准溶液、$5g \cdot L^{-1}$ 淀粉溶液、$2mol \cdot L^{-1}$ 醋酸、Na_2CO_3（s）、维生素 C 片、$6mol \cdot L^{-1}$ NaOH 溶液、$K_2Cr_2O_7$ 基准物质、KI、$2mol \cdot L^{-1}$ HCl。

四、实验步骤

1. $0.05mol \cdot L^{-1}$ I_2 溶液和 $0.1mol \cdot L^{-1}$ 的 $Na_2S_2O_3$ 溶液的配制

用托盘天平称取 $Na_2S_2O_3 \cdot 5H_2O$ 约 6.2g，溶于适量刚煮沸并已冷却的水中，加入 Na_2CO_3 约 0.05g 后，稀释至 250mL，倒入细口瓶中，放置 1~2 周后标定。

在托盘天平上称取 I_2（预先磨细过）约 3.2g，置于 250mL 烧杯中，加 6g KI，再加少量水，搅拌，待 I_2 全部溶解后，加水稀释至 250mL。混合均匀。贮藏在棕色细口瓶中，放于暗处。

2. $Na_2S_2O_3$ 溶液的标定

精确称取 0.15g 左右 $K_2Cr_2O_7$ 基准试剂 3 份，分别置于 250mL 锥形瓶中，加入 10~20mL 蒸馏水使之溶解。加 2g KI、10mL $2mol \cdot L^{-1}$ 的盐酸，充分混合溶解后，盖好塞

子以防止 I_2 因挥发而损失。在暗处放置 5min，然后加 50mL 水稀释，用 $Na_2S_2O_3$ 溶液滴定到溶液呈浅绿黄色时，加 2mL 淀粉溶液。继续滴入 $Na_2S_2O_3$ 溶液，直至蓝色刚刚消失而 Cr^{3+} 绿色出现为止。记下 $Na_2S_2O_3$ 溶液的体积，计算 $Na_2S_2O_3$ 溶液的浓度。

3. 用 $Na_2S_2O_3$ 标准溶液标定 I_2 溶液

分别移取 25.00mL $Na_2S_2O_3$ 溶液 3 份，分别加入 50mL 水、2mL 淀粉溶液，用 I_2 溶液滴定至稳定的蓝色不褪，记下 I_2 溶液的体积，计算溶液的浓度。

4. 维生素 C 片中抗坏血酸含量的测定

将准确称取好的维生素 C 片约 0.2g 置于 250mL 锥形瓶中，加入煮沸过的冷却蒸馏水 50mL，立即加入 10mL 2mol·L^{-1} HAc，加入 3mL 淀粉立即用 I_2 标准溶液滴定呈现稳定的蓝色。记下消耗 I_2 标准溶液的体积，计算维生素 C 含量（平行测定 3 份）。

五、实验数据记录与数据处理

（1）自行设计数据记录表格。

（2）推导出计算维生素 C 含量的计算公式进行计算。

六、注意事项

（1）实验过程中要注意防止碘的挥发。

（2）淀粉必须在临近终点时才加入。

七、思考题

（1）测定维生素 C 的溶液中加入醋酸的作用是什么？

（2）配制 I_2 溶液时加入 KI 的目的是什么？

实验 5.8　明矾[KAl(SO₄)₂·12H₂O]的制备

一、实验目的

（1）了解明矾的制备方法。

（2）认识铝和氢氧化铝的两性。

（3）练习和掌握溶解、过滤、结晶以及沉淀的转移和洗涤等无机制备中常用的基本操作和测量产品熔点的方法。

二、实验原理

铝屑溶于浓氢氧化钠溶液，可生成可溶性的四羟基合铝(Ⅲ)酸钠 $Na[Al(OH)_4]$，再用稀 H_2SO_4 调节溶液的 pH 值，将其转化为氢氧化铝，使氢氧化铝溶于硫酸生成硫酸铝。硫酸铝能同碱金属硫酸盐如硫酸钾在水溶液中结合成一类在水中溶解度较小的同晶的复盐，此复盐称为明矾[KAl(SO₄)₂·12H₂O]。当冷却溶液时，明矾则以大块晶体结晶出来。

制备中的化学反应如下：

$$2Al + 2NaOH + 6H_2O \longrightarrow 2Na[Al(OH)_4] + 3H_2 \uparrow$$

$$2Na[Al(OH)_4] + H_2SO_4 \longrightarrow 2Al(OH)_3 \downarrow + Na_2SO_4 + 2H_2O$$

$$2Al(OH)_3 + 3H_2SO_4 \longrightarrow Al_2(SO_4)_3 + 6H_2O$$

$$Al_2(SO_4)_3 + K_2SO_4 + 24H_2O \longrightarrow 2KAl(SO_4)_2 \cdot 12H_2O$$

三、仪器与试剂

（1）仪器　烧杯、量筒、普通漏斗、布氏漏斗、抽滤瓶、表面皿、蒸发皿、酒精灯、托盘天平、毛细管、提勒管等。

（2）试剂　$3mol \cdot L^{-1} H_2SO_4$、$(1:1)H_2SO_4$、$NaOH(s)$、$K_2SO_4(s)$、铝屑、pH试纸、水-乙醇混合液（$1:1$）。

四、实验步骤

1. 制备 $Na[Al(OH)_4]$

在托盘天平上用表面皿快速称取固体氢氧化钠 2g，迅速将其转移至 250mL 烧杯中，加 40mL 水温热溶解。称量 1g 铝屑，切碎，分批放入溶液中。将烧杯置于热水浴中加热（反应激烈，防止溅出！）。反应完毕后，趁热用普通漏斗过滤。

2. 氢氧化铝的生成和洗涤

在上述四羟基合铝酸钠溶液中加入约 8mL 的 $3mol \cdot L^{-1} H_2SO_4$ 溶液，使溶液的 pH 值为 8～9 为止（应充分搅拌后再检验溶液的酸碱性）。此时溶液中生成大量的白色氢氧化铝沉淀，用布氏漏斗抽滤，并用热水洗涤沉淀，洗至溶液 pH 为 7～8 时为止。

3. 明矾的制备

将抽滤后所得的氢氧化铝沉淀转入蒸发皿中，加 10mL 1:1 H_2SO_4，再加 15mL 水，小火加热使其溶解，加入 4g 硫酸钾继续加热至溶解，将所得溶液在空气中自然冷却，待结晶完全后，减压过滤，用 10mL 1:1 的水-乙醇混合溶液洗涤晶体两次；将晶体用滤纸吸干，称重，计算产率。

4. 产品熔点的测定及性质试验

将产品干燥，装入毛细管中。把毛细管放入提勒管中控制一定升温速度，测量产品的熔点。测量两次，取平均值。

另取少量产品配成溶液，设法证实溶液中存在 Al^{3+}、K^+ 和 SO_4^{2-}。

五、实验数据记录与数据处理

（1）产品外观、形状。

（2）产品质量。

（3）计算产率。

六、注意事项

（1）实验步骤 2 中用热水洗涤氢氧化铝沉淀一定要彻底，以免后面产品不纯。

（2）制得的明矾溶液一定要自然冷却得到结晶，而不能骤冷。

七、思考题

（1）本实验是在哪一步中除掉铝中的杂质的？

（2）用热水洗涤氢氧化钠沉淀时，是除去什么离子？

（3）制得的明矾溶液为何采用自然冷却得到结晶，而不采用骤冷的办法？

实验 5.9　沉淀重量法测定钡（微波干燥恒重）

一、实验目的

（1）了解测定 $BaCl_2 \cdot 2H_2O$ 中钡的含量的原理和方法。

（2）掌握晶形沉淀的制备、过滤、洗涤、灼烧及恒重的基本操作技术。

（3）了解微波技术在样品干燥方面的应用。

二、实验原理

$BaSO_4$ 重量法，既可用于测定 Ba^{2+} 也可用于测定 SO_4^{2-}。

称取一定量的 $BaCl_2 \cdot 2H_2O$，以水溶解，加稀 HCl 溶液酸化，加热至微沸，在不断搅动的条件下，慢慢地加入稀、热的 H_2SO_4，Ba^{2+} 与 SO_4^{2-} 反应，形成晶形沉淀。沉淀经陈化、过滤、洗涤、烘干、炭化、灰化、灼烧后，以 $BaSO_4$ 形式称量。可求出 $BaCl_2 \cdot 2H_2O$ 中钡的含量。

微波干燥恒重法与传统方法不同之处是本实验使用微波干燥 $BaSO_4$ 沉淀。与传统的灼烧干燥法相比，后者既可节省 1/3 以上的实验时间，又可节省能源。在使用微波法干燥 $BaSO_4$ 沉淀时，包藏在 $BaSO_4$ 沉淀中的高沸点的杂质如 H_2SO_4 等不易在干燥过程中被分解或挥发而除去，所以对沉淀条件和沉淀洗涤操作要求更加严格。沉淀时应将 Ba 试液进一步稀释，并且使过量的沉淀剂控制在 20%～50% 之间，沉淀剂的滴加速度要缓慢，尽可能减少包藏在沉淀中的杂质。

三、仪器与试剂

(1) 仪器　分析天平、玻璃坩埚（G_4 号或 $P16$ 号）、淀帚（1 把）、循环水真空泵（配抽滤瓶）、微波炉、烧杯、滴管、量筒。

(2) 试剂　$0.5mol \cdot L^{-1}$ H_2SO_4、$0.1mol \cdot L^{-1}$ H_2SO_4、$2mol \cdot L^{-1}$ HCl、$BaCl_2 \cdot 2H_2O$（A.R.）。

四、实验步骤

1. 玻璃坩埚的准备

将两只洁净的坩埚放在微波炉于 500W 的输出功率（中高火）下进行干燥。第一次干燥 10min，第二次干燥 4min。每次干燥后放入干燥器中冷却 12～15min，然后在分析天平上快速称量。两次干燥后所得质量之差若不超过 0.4mg，即已恒重。

2. 沉淀的制备

准确称取两份 0.4～0.6g $BaCl_2 \cdot 2H_2O$ 试样，分别置于 250mL 烧杯中，加 150mL 水，3mL $2mol \cdot L^{-1}$ HCl 溶液，搅拌溶解，加热至近沸（80℃以上）。

另取 5～6mL $0.5mol \cdot L^{-1}$ H_2SO_4 两份于两个 100mL 烧杯中，加水 40mL，加热至近沸，趁热将两份 $0.5mol \cdot L^{-1}$ H_2SO_4 溶液分别用小滴管逐滴地加入到两份热的钡盐溶液中，并用玻璃棒不断搅拌，直至两份 H_2SO_4 溶液加完为止。待 $BaSO_4$ 沉淀下沉后，于上层清液中加入 1～2 滴 $0.1mol \cdot L^{-1}$ H_2SO_4 溶液，仔细观察沉淀是否完全。沉淀完全后，盖上表面皿（切勿将玻璃棒拿出杯外），在蒸汽浴上陈化 1h，其间要每隔几分钟搅动一次。

3. 准备洗涤液

在 100mL 水中加入 3～5 滴 $0.5mol \cdot L^{-1}$ H_2SO_4 溶液，混匀。

4. 称量形的获得

$BaSO_4$ 沉淀冷却后，用倾泻法在已恒重的玻璃坩埚中进行减压过滤。滤完后，用洗涤液洗涤沉淀 3 次，每次用 15mL，再用水洗一次。然后将沉淀转移到坩埚中，并用玻璃棒"擦""刮"黏附在杯壁上的沉淀，再用水冲洗烧杯和玻璃棒直至沉淀转移完全。最后用水淋洗沉淀及坩埚内壁数次（6 次以上），这时沉淀基本已洗涤干净（如何检验?）。继续抽干 2min 以上至不再产生水雾，将坩埚放入微波炉进行干燥（第一次

10min，第二次 4min），冷却、称量，直至恒重。根据 $BaSO_4$ 的质量，计算钡盐试样中钡的质量分数 $\omega(Ba)$。

五、注意事项

（1）干坩埚和湿坩埚不可在同一微波炉内加热，因炉内水分不挥发，加热恒重的时间很短，湿度的影响过大。并且，本实验中，可考虑先用滤纸吸去坩埚外壁的水珠，再放入微波炉中加热，以减少加热的时间。

（2）干燥好的玻璃坩埚稍冷后放入干燥器，先要留一小缝，30s 后盖严，用分析天平称量，必须在干燥器中自然冷却至室温后方可进行。

（3）由于传统的灼烧沉淀可除掉包藏的 H_2SO_4 等高沸点杂质，而用微波干燥时不能分解或挥发掉，故应严格控制沉淀条件与操作规范。应把含 Ba^{2+} 的试液进一步稀释，过量的沉淀剂 H_2SO_4 控制在 $20\% \sim 50\%$，滴加 H_2SO_4 速度缓慢，且充分搅拌，可减少 H_2SO_4 及其他杂质被包裹的量，以保证实验结果的准确度。

（4）使用坩埚前用稀 HCl 抽滤，不用稀 HNO_3，防止 NO_3^- 成为抗衡离子。本实验中，使用后的坩埚可即时用稀 H_2SO_4 洗净，不必用热的浓 H_2SO_4。

六、思考题

（1）为什么要在稀热 HCl 溶液中且不断搅拌条件下逐滴加入沉淀剂沉淀 $BaSO_4$？HCl 加入太多有何影响？

（2）为什么要在热溶液中沉淀 $BaSO_4$，但要在冷却后过滤？晶形沉淀为何要陈化？

（3）什么叫倾泻法过滤？洗涤沉淀时，为什么用洗涤液或水都要少量多次？

（4）什么叫灼烧至恒重？

（5）使用微波炉时有哪些注意事项？

实验 5.10　废旧干电池的综合利用（设计实验）

一、实验目的

（1）进一步熟悉无机物的实验室提取、制备、提纯和分析等方法与技能。

（2）学习实验方案的设计。

（3）了解废弃物中有效成分的回收利用方法。

二、实验原理

日常生活中用的干电池主要为锌锰干电池，其负极是作为电池壳体的锌电极，正极是被 MnO_2（为增强导电能力，填充有炭粉）包围着的石墨电极，电解质是氯化锌及氯化铵的糊状物，其结构如图 5-1 所示。其电池反应为：

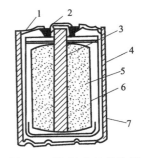

图 5-1　锌-锰电池构造图
1—火漆；2—黄铜帽；3—石墨；
4—锌筒；5—去极剂；
6—电解液＋淀粉；7—厚纸壳

$$Zn + 2NH_4Cl + 2MnO_2 \longrightarrow Zn(NH_3)_2Cl_2 + 2MnOOH$$

在使用过程中，锌皮消耗最多，二氧化锰只起氧化作用，氯化铵作为电解质没有消耗，炭粉是填料。因而回收处理废干电池可以获得多种物质，如铜、锌、二氧化锰、氯化铵和炭棒等，实为变废为宝的一种可利用资源。

第 5 章　提高性实验及设计实验

三、实验步骤

1. 材料准备

回收时，剥去废旧干电池外层包装纸，用螺丝刀撬去顶盖，用小刀除去盖下面的沥青层，即可用钳子慢慢拔除炭棒（连同铜帽），取下铜帽集存，可作为实验或生产硫酸铜的原料。炭棒留作电极使用。

用剪刀把废电池外壳剥开，取出里面的黑色物质，它是二氧化锰、炭粉、氯化铵、氯化锌等的混合物。把这些黑色物质倒入烧杯中，加入蒸馏水（按每节 1$^{\#}$ 电池加入 50mL 水计算），搅拌溶解，澄清后过滤。滤液用以提取氯化铵，滤渣用以制备 MnO_2 及锰的化合物，电池的锌壳可用以制锌粒及锌盐。剖开电池后，从下列三项中选做一项。

2. 从黑色混合物的滤液中提取氯化铵

（1）要求

① 设计实验方案，提取并提纯氯化铵。

② 产品定性检验：a. 证实其为铵盐；b. 证实其为氯化物；c. 判断有否杂质存在。

③ 测定产品中 NH_4Cl 的质量分数。

（2）提示　已知滤液的主要成分为 NH_4Cl 和 $ZnCl_2$，两者在不同温度下的溶解度见表 5-2。

表 5-2　NH_4Cl 和 $ZnCl_2$ 在不同温度下的溶解度 $[g \cdot (100g\ H_2O)^{-1}]$

T	273K	283K	293K	303K	313K	333K	353K	363K	373K
NH_4Cl	29.4	33.2	37.2	31.4	45.8	55.3	65.3	71.2	77.3
$ZnCl_2$	342	363	395	437	452	488	541	—	614

氯化铵在 100℃时开始显著地挥发，338℃时解离，350℃时升华。

氯化铵与甲醛作用生成六亚甲基四胺和盐酸，后者可以用氢氧化钠标准溶液滴定，就可求出产品中氯化铵的含量。

3. 从黑色混合物的滤渣中提取 MnO_2

（1）要求

① 设计实验方案，由二氧化锰制备高锰酸钾。

② 设计实验方案，由二氧化锰制备硫酸锰。

（2）提示

黑色混合物的滤渣中含有二氧化锰、炭粉和其他少量有机物。用少量水冲洗，滤干固体，灼烧以除去炭粉和有机物。粗二氧化锰中尚含有一些低价锰和少量其他金属氧化物，应设法除去，以获得精制二氧化锰。纯二氧化锰密度 5.03g·cm^{-3}，535℃时分解为 O_2 和 Mn_2O_3，不溶于水、硝酸及稀 H_2SO_4。

4. 由锌壳制取七水硫酸锌

（1）要求

① 设计实验方案，以锌单质制备七水硫酸锌。

② 产品不含 Fe^{3+}、Cu^{2+}。

（2）提示

将洁净的碎锌片以适量的酸溶解。溶液中有 Fe^{3+}、Cu^{2+} 杂质时，设法除去。七水硫酸锌极易溶于水（在 15℃时，无水盐为 33.4%），不溶于乙醇。在 39℃时溶于结晶水，

100℃开始失水。在水中水解呈酸性。

实验 5.11 方案设计

一、设计目的

（1）培养学生查阅文献的能力。

（2）巩固理论课中学过的知识，将所学的知识应用于实际。

（3）培养学生独立思考、分析和解决问题的能力。

（4）进一步体会理论与实践的关系。

（5）掌握设计实验的思路，培养学生创新思维和科研技能。

二、可供设计的题目

（1）盐酸和氯化铵混合溶液中各组分含量的测定；

（2）甲醛法测定铵盐的含氮量；

（3）H_2SO_4-$H_2C_2O_4$ 混合溶液中各组分浓度测定；

（4）鸡蛋壳中钙含量的测定；

（5）Bi^{3+}-Fe^{3+} 混合溶液中 Bi^{3+} 和 Fe^{3+} 含量的测定；

（6）漂白粉中"有效氯"的测定；

（7）Fe_2O_3 和 Al_2O_3 混合物中铁含量的测定；

（8）盐酸和氯化钡混合液中各组分的测定；

（9）氯化钡溶液浓度测定（不用重量法）。

三、设计要求

（1）要求教师组织管理好实验进程，在条件允许的情况下，尽可能为实验提供便利。

（2）根据教师提供的题目，学生选择自己感兴趣的实验内容，将题目报告给老师。可以是一种测定对象，尝试多种方法；也可以选择多个题目。

（3）要求独立查阅资料，独立设计方案，独立进行实验。但提倡同学之间相互交流，特别是做相同题目的同学，可以在课下、课上讨论，也可和老师讨论，一起归纳总结，待老师指导后，分头实施方案，进行实验。但是必须独立撰写实验报告，报告格式按照《分析化学》期刊上论文发表的格式。为设计实验提供的药品、试剂和仪器的清单将张贴在实验室黑板上。

四、分析方案内容及要求

（1）分析方法及原理；

（2）所需试剂和仪器；

（3）实验步骤；

（4）实验结果的计算式；

（5）实验中应注意的事项；

（6）参考文献。

实验结束后，要写出实验报告，其中除分析方案的内容外，还应包括下列内容：

（1）实验原始数据；

（2）实验结果；

（3）实际做法与分析方案不一致，应重新写明操作步骤，改动不多的可加以说明；

(4) 对自己设计的分析方案的评价及问题的讨论。

设计实验示例 1　甲醛法测定铵盐的含氮量

提示

许多无机铵盐[$(NH_4)_2SO_4$、$(NH_4)_2HPO_4$、$(NH_4)HCO_3$ 等]是常用的肥料，土壤、作物等许多农牧样品中的氮也总是将其先转化为 NH_4^+ 而后进行测定。

测定铵盐的方法有蒸馏法和甲醛法。

甲醛法：甲醛与铵盐作用，产生等物质的量的酸。

$$4NH_4^+ + 6HCHO \longrightarrow (CH_2)_6N_4 + 4H^+ + 6H_2O$$

通常以酚酞作指示剂，用 NaOH 标准溶液直接滴定。设计测定时应注意以下两个问题。

(1) 当试样中含有游离酸时应事先中和除去，可采用什么指示剂，为什么？

(2) 当甲醛中含有少量甲酸时也应事先中和除去，这一步中和选用什么指示剂？

设计实验示例 2　漂白粉中"有效氯"的测定

提示

漂白粉的主要成分是次氯酸盐[$Ca(ClO)Cl$]和 $CaCl_2$。"有效氯"可理解为漂白粉溶液酸化时放出的 Cl_2。

$$Ca(ClO)Cl + 2H^+ \longrightarrow Ca^{2+} + H_2O + Cl_2 \uparrow$$

漂白粉的漂白能力通常用"有效氯"表示。利用释放出的 Cl_2 可进行氧化还原法测定。取样时应注意试样的代表性。根据此提示拟出测定方案。

附　录

附录一　酸、碱和氨的溶液在 298K 时的密度

单位：$g \cdot mL^{-1}$

$w/\%$	H_2SO_4	HNO_3	HCl	KOH	NaOH	NH_3
2	1.013	1.011	1.009	1.016	1.023	0.992
4	1.027	1.022	1.019	1.033	1.046	0.983
6	1.040	1.033	1.029	1.052	1.069	0.973
8	1.055	1.044	1.039	1.072	1.092	0.960
10	1.069	1.056	1.049	1.090	1.115	0.957
12	1.083	1.068	1.059	1.110	1.137	0.953
14	1.098	1.080	1.069	1.128	1.159	0.946
16	1.112	1.093	1.079	1.147	1.181	0.939
18	1.127	1.106	1.089	1.167	1.203	0.932
20	1.143	1.119	1.100	1.186	1.225	0.926
22	1.158	1.132	1.110	1.206	1.247	0.919
24	1.174	1.145	1.121	1.226	1.266	0.913
26	1.191	1.158	1.132	1.247	1.289	0.908
28	1.205	1.171	1.142	1.267	1.310	0.903
30	1.224	1.184	1.152	1.286	1.332	0.898
32	1.238	1.198	1.163	1.310	1.352	0.893
34	1.255	1.211	1.173	1.334	1.374	0.889
36	1.273	1.225	1.183	1.358	1.395	0.884
38	1.290	1.238	1.194	1.385	1.416	—
40	1.307	1.251	—	1.411	1.437	—
42	1.324	1.264	—	1.437	1.458	—
44	1.342	1.277	—	1.460	1.478	—
46	1.361	1.290	—	1.485	1.499	—
48	1.380	1.303	—	1.511	1.519	—

附录

125

附录二　常用酸、碱溶液在 298K 时的浓度①

溶液名称	密度/g·mL⁻¹	$w/\%$	$c/\text{mol·L}^{-1}$
浓硫酸	1.83	96	18
稀硫酸	1.18	25	3
浓盐酸	1.19	37.2	12
稀盐酸	1.10	20	6
浓硝酸	1.40	65.3	14.5
稀硝酸	1.20	32	6
浓磷酸	1.07	12	2
稀磷酸	1.70	86	15
高氯酸	1.06	9	1
稀高氯酸	1.67	70	12
浓氢氟酸	1.12	19	2
稀氢氟酸	1.13	40	23
氢溴酸	1.38	40	7
氢碘酸	1.70	57	7.5
冰醋酸	1.05	100	17.5
稀醋酸	1.04	36	6
稀醋酸	1.02	15	2.5
浓氢氧化钠	1.36	33	11
稀氢氧化钠	1.08	8	2
浓氨水	0.88	34	18
浓氨水	0.91	24	13
稀氨水	0.96	9	5
稀氨水	0.98	4	2.5

① 浓度均为近似值。

附录三　相对原子质量表[①]

元素		相对原子质量	元素		相对原子质量	元素		相对原子质量
符号	名称		符号	名称		符号	名称	
Ag	银	107.87	Ha	氦	4.0026	Pt	铂	195.08
Al	铝	26.982	Hf	铪	178.49	Rb	铷	85.468
Ar	氩	39.948	Hg	汞	200.59	Re	铼	186.21
As	砷	74.922	I	碘	126.90	Rh	铑	102.91
Au	金	196.97	In	铟	114.82	Ru	钌	101.07
B	硼	10.811	Ir	铱	192.22	S	硫	32.066
Ba	钡	137.33	K	钾	39.098	Sb	锑	121.76
Be	铍	9.0122	Kr	氪	83.80	Sc	钪	44.956
Bi	铋	208.98	La	镧	138.91	Se	硒	78.96
Br	溴	79.904	Li	锂	6.941	Si	硅	28.086
C	碳	12.011	Mg	镁	24.305	Sn	锡	118.71
Ca	钙	40.078	Mn	锰	54.938	Sr	锶	87.62
Cd	镉	112.41	Mo	钼	95.94	Ta	钽	180.95
Ce	铈	140.12	N	氮	14.007	Te	碲	127.60
Cl	氯	35.453	Na	钠	22.990	Th	钍	232.04
Co	钴	58.933	Nb	铌	92.906	Ti	钛	47.867
Cr	铬	51.996	Nd	钕	144.24	Tl	铊	204.38
Cs	铯	132.91	Ne	氖	20.180	U	铀	238.03
Cu	铜	63.546	Ni	镍	58.693	V	钒	50.942
F	氟	18.998	O	氧	15.999	W	钨	183.84
Fe	铁	55.845	Os	锇	190.23	Xe	氙	131.29
Ga	镓	69.723	P	磷	30.974	Y	钇	88.906
Ge	锗	72.61	Pb	铅	207.2	Zn	锌	65.39
H	氢	1.0079	Pd	钯	106.42	Zr	锆	91.224

① 根据 IUPAC1995 年提供的 5 位有效数字相对原子质量数据。

附录四　pHs-2 型酸度计的使用方法

一、pHs-2 型酸度计面板

pHs-2 型酸度计面板上面有许多旋钮和按钮，具体名称见附图 1。

二、使用方法

1. 仪器的校正（定位）

（1）电极的准备和安装。

① 甘汞电极　选用饱和甘汞电极，电极内的内管下口必须浸没在饱和 KCl 溶液中并保持溶液中有少量不溶的 KCl 固体，否则应从电极加液口加入饱和 KCl 溶液和少量固体。

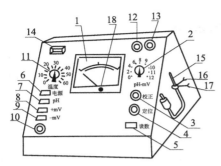

附图 1 pHs-2 型酸度计的面板结构示意图

1—指示电表；2—pH-mV 分挡开关；3—校正调解器旋钮；4—定位调解器旋钮；5—读数开关按键；6—电源开关；7—pH 按键；8—+mV 按键；9—-mV 按键；10—零点调节器旋钮；11—温度补偿器旋钮；12—参比电极接线柱（+）；13—玻璃电极插孔；14—指示灯；15—电极杆；16，17—电极夹；18—电表调零螺钉

电极弯管内不能有气泡，若有气泡应设法排除。使用前，应先将电极加液口的橡胶塞及弯管下端的橡胶套取下，把它存放在电极盒内。使用时，要使甘汞电极管内 KCl 溶液的液面与被测溶液的液面有足够的液位差，防止被测溶液向甘汞电极流入。

② 玻璃电极 玻璃电极下端玻璃球泡用较薄的特种玻璃膜制成，膜的厚度通常在 0.05～0.15mm，玻璃膜极易破碎，切忌手摸，切忌与硬物相碰，以免碰破。使用前，应先将玻璃电极下端玻璃球泡完全浸没在蒸馏水（或 0.1mol·L^{-1} HCl 溶液）中浸泡 24h 以上，以使电极性能稳定。玻璃球泡内若有气泡时，应轻轻摇动电极，使溶液向下落入玻璃球内。要注意，当电极被油脂类或无机盐类沾污，应在用蒸馏水浸泡前预先用适当的溶剂浸洗，浸洗后应用蒸馏水淋洗干净置于蒸馏水中浸泡。

③ 电极安装 先将甘汞电极测管上端加液口的橡胶塞和弯管下端管口的橡胶套取下，存放在电极盒内。将甘汞电极的绝缘帽夹在电极夹 17 上，电极的连接线接在参比电极接线柱 12 上，并旋紧接线柱的螺钉。

玻璃电极的绝缘帽夹入电极夹 16 上，注意调节好两个电极之间的距离，以便能插入直径较小的烧杯内，严防电极与电极、电极与杯壁和杯底相碰。取出玻璃电极插孔内的接线器存放在干净的电极盒内，然后将玻璃电极插头插入插孔 13 中直至底部，旋紧插孔上的螺钉。

使用电极测量时，甘汞电极和玻璃电极应先用纯蒸馏水淋洗并用滤纸条吸干电极上的残余水分或用被测溶液充分淋洗 2～3 次。

（2）检查指示电表 1 的指针是否指在"1.0"处，若不是，则应调节电表调零螺钉 18 使指针指在"1.0"处。

（3）按下电源开关按键 6，此时电源切断，将酸度计后面的电源插座接上 220V 交流电源，注意接好地线。

（4）按下 pH 按键 7，此时电源开关按键 6 弹起，电源接通，指示灯 14 亮，预热 30min 以上，使仪器性能稳定。

（5）将与待测溶液 pH 相接近的已知 pH 标准缓冲溶液注入小烧杯中（注意：烧杯应先用所盛的溶液充分淌洗 2～3 次），将安装好的两支电极浸入该标准缓冲溶液中并使玻璃电极的玻璃球泡和甘汞电极下端的毛细管全部浸入溶液中（严防电极与电极、电极与杯壁和杯底相碰），缓缓摇动烧杯，使电极与溶液接触均匀。

（6）用温度计测量溶液的温度（注意：温度计应先洗净，蒸馏水淋洗并用滤纸吸干残留水分），然后将温度补偿器旋钮 11 旋至被测溶液的温度位置。

（7）将 pH-mV 分挡开关 2 旋至"6"位置，调节零点调节器旋钮 10 使指针在 pH 为"1.0"的位置。

（8）将 pH-mV 分挡开关旋至"校"位置，调节校正调节器旋钮 3 使指针在满度（即 pH 为"2"或 mV 为"0"）的位置。

（9）重复（7）和（8）的两步操作（每次操作调节应保持指针稳定半分钟后，再进行下一步调节），直至 pH-mV 分挡开关在"6"的位置上，指针能指在"1.0"的位置为止。

（10）根据标准缓冲溶液的 pH 大小，将 pH-mV 分挡开关旋至标准缓冲溶液 pH 的整数挡上。例如标准缓冲溶液的 pH＝4.00，则 pH-mV 分挡开关旋至"4"挡上；若 pH＝6.86，则 pH-mV 分挡开关旋至"6"挡上；若 pH＝9.18，则 pH-mV 分挡开关旋至"9"挡上。

（11）按下读数开关按键 5，调节定位调节器旋钮 4 使电表指针所指示的数值加上 pH-mV 分挡开关所指示的数值恰好等于标准缓冲溶液 pH 的数值。再缓缓摇动烧杯，并反复调整定位调节器旋钮使指示值稳定。然后再按一下读数开关按键 5，使读数开关断开。至此完成仪器校正（定位）工作，不得再旋动定位调节器旋钮 4，否则应重新进行仪器校正（定位）工作。此时应立即将电极升上离开盛标准缓冲溶液的烧杯，用蒸馏水淋洗电极，并用滤纸条吸干电极上的水分。

2. 测量溶液的 pH

（1）如果被测溶液的温度与仪器校正用的标准缓冲溶液的温度不同，则要根据测量的被测溶液的温度值重新调节温度补偿器旋钮 11 至被测溶液的温度值。

（2）将 pH-mV 分挡开关 2 旋至"校"位置，调节校正调节器旋钮 3 使指针准确地指在满度（即 pH 为"1.0"或 mV 为"0"处），然后将 pH-mV 分挡开关 2 旋至适当的挡上，即将 pH-mV 分挡开关 2 旋至接近被测溶液的 pH 的挡上。

注：如果被测溶液的温度与仪器校正用的标准缓冲溶液的温度相同，上述（1）和（2）两步操作就不必进行，可按下步操作测量溶液 pH。

（3）仪器校正后，立即升上电极使之离开盛标准缓冲溶液的烧杯，先用蒸馏水洗净并用滤纸条吸干电极上的水分，再用被测溶液充分淋洗电极 2～3 次。将盛被测溶液的烧杯置于电极之下，小心地放下电极使电极浸入溶液中并使玻璃电极的玻璃球泡和甘汞电极下端的毛细管全部浸没在溶液中，缓缓摇动烧杯，使电极与溶液接触均匀。

（4）按下读数开关按键 5，必要时再适当调整 pH-mV 分挡开关 2，使电表指针停在刻度范围内。如果指针摆出刻度线左端，则应减小 pH-mV 分挡开关 2 的示值；如果指针摆出刻度线的右端，则应增大 pH-mV 分挡开关 2 的示值。待指针稳定后，读出电表上指针指示的数值，再按一下读数开关按键 5，放开读数开关。电表指针指示的数值加上 pH-mV 分挡开关 2 所示的数值就是被测 pH。

（5）测量完毕后，按下电源开关按键 6，切断电源。取下电极，用蒸馏水淋洗干净并用滤纸吸干电极上的水分，存放在电极盒内。拔出插头，把各调节器复原，用干布揩净仪器，收藏好。

附录五　pHs-3c 型酸度计的使用方法

一、pHs-3c 型酸度计的构造（见附图 2）

仪器键盘说明如下：

（1）"pH/mV"键：此键为双功能键，在测量状态下，按一次进入"pH"测量状态，再按一次进入"mV"测量状态；在设置温度、定位以及设置斜率时为取消键，按此键退出功能模块，返回测量状态。

（2）"定位"键：此键为定位选择键，按此键上部"△"为调节定位数值上升；按此

附
录

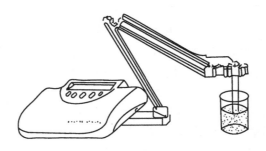

附图 2　pHs-3c 酸度计的面板结构示意图

面板仪器外形结构：1—机箱；2—键盘；3—显示屏；

4—多功能电极架；5—电极；仪器后面板；6—测量电极插座；

7—参比电极接口；8—保险丝；9—电源开关；10—电源插座

键下部"▽"为调节定位数值下降。

（3）"斜率"键：此键为斜率选择键，按此键上部"△"为调节斜率数值上升；按此键下部"▽"为调节斜率数值下降。

（4）"温度"键：此键为温度选择键，按此键上部"△"为调节温度数值上升；按此键下部"▽"为调节温度数值下降。

（5）"确认"键：此键为确认键，按此键为确认上一步操作。

仪器附件如附图 3 所示。

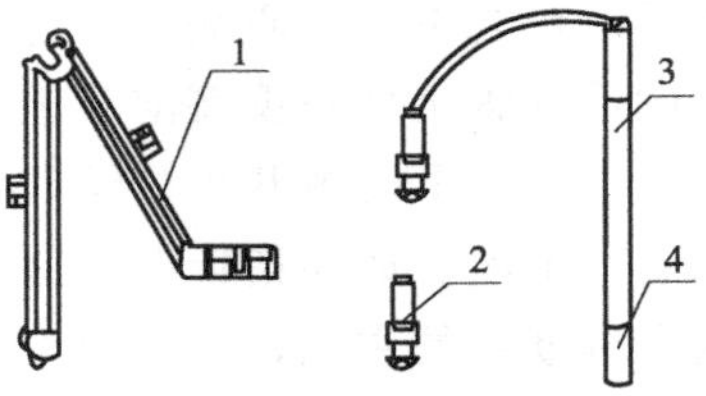

二、使用方法

1. 仪器的校正（定位）

（1）电极的准备和安装　pH 复合电极：pH 复合电极由参比电极（甘汞电极）和指示电极（玻璃电极）组成，其优点是使用方便，不受氧化性或还原性物质的影响，且平衡速率较快。复合电极不用时，可充分浸泡于

附图 3　仪器附件

1—多功能电极架；2—Q9 短路插座；

3—E-201-C 型 pH 复合电极；

4—电极保护套

$3mol \cdot L^{-1}$ 氯化钾溶液中，切忌用洗涤液或其他吸水性试剂浸洗。玻璃电极下端玻璃球泡用较薄的特种玻璃膜制成，膜的厚度通常在 $0.05 \sim 0.15mm$，玻璃膜极易破碎，切忌手摸，切忌与硬物相碰，以免碰破。使用前，应检查玻璃电极前端的球泡。正常情况下，电极应该透明而无裂纹，球泡内要充满溶液，不能有气泡存在。测量浓度较大的溶液时，尽量缩短测量时间，用后仔细清洗，防止被测液黏附在电极上而污染电极。清洗电极后，不要用滤纸擦拭玻璃膜，而应用滤纸吸干，避免损坏玻璃薄膜、防止交叉污染，影响测量精度。

电极安装：将多功能电极架插入多功能电极架插座中。将 pH 复合电极安装在电极架上。将 pH 复合电极下端的电极保护套拔下，并且拉下电极上端的橡胶套使其露出上端小孔。使用电极测量时，应先用纯蒸馏水淋洗并用滤纸条吸干电极上的残余水分或用被测溶液充分淋洗 2～3 次。

（2）仪器的开机及使用　连接电源线，并打开仪器开关，仪器首先显示"pHs-3c"字样，稍等，会显示上次标定后的斜率以及 E_0 值，然后进入测量状态，显示当前的电位值或者 pH，其中显示屏上方为当前的电位值或者 pH，下方为设定的温度值。在测量状态下，按"mV/pH"键可以切换显示电位以及 pH；按"温度"键设置当前的温度值；按"定位"或"斜率"键标定电极斜率。

（3）仪器的标定　仪器使用前首先要标定。一般情况下仪器在连续使用时，每天要标定一次。

本仪器具有自动识别标准缓冲溶液的能力，可以识别 pH4.00、pH6.86、pH9.18 三种标液，因此对于标准缓冲溶液 pH4.00、pH6.86、pH9.18，用户按"斜率"键后不必再调节数据，直接按"确认"键即可完成标定。用"定位"进行一点标定，用"斜率"进行二点标定。

具体操作步骤如下：

① 清洗电极，将电极插入标准缓冲溶液 1 中；

② 用温度计测出被测溶液的温度，按"温度"键，使温度显示为被测溶液的温度；

③ 待读数稳定后按"定位"键，仪器显示"Std YES"字样，按"确认"键进入标定状态，仪器自动识别并显示当前温度下的标准 pH；

④ 按"确认"键完成一点标定（斜率为 100%）；

⑤ 如需要二点标定，则继续下面的操作；

⑥ 再次清洗电极，将电极插入标准缓冲溶液 2 中；

⑦ 用温度计测出被测溶液的温度，按"温度"键，使温度显示为被测溶液的温度；

⑧ 待读数稳定后按"斜率"键，仪器显示"Std YES"字样，按"确认"键进入标定状态，仪器自动识别并显示当前温度下的标准 pH；

⑨ 按"确认"键完成二点标定。对于其他的非常规标准缓冲溶液，仪器也允许用户标定使用。如果用户需要标定，则只须在标定状态下按"定位△"或"定位▽"键，使 pH 显示为该温度下标准溶液的 pH，然后按"确认"键，即可完成标定。

2. 测量溶液的 pH

经标定过的仪器，即可用来测量被测溶液。被测溶液与标定溶液温度是否相同，其测量步骤也有所不同。具体操作步骤如下。

（1）被测溶液与定位溶液温度相同时，测量步骤如下。

① 用蒸馏水清洗电极头部，再用被测溶液清洗一次。

② 把电极浸入被测溶液中，用玻璃棒搅拌，使溶液溶解均匀，在显示屏上读出溶液的 pH。

（2）被测溶液和定位溶液温度不同时，测量步骤如下：

① 用蒸馏水清洗电极头部，再用被测溶液清洗一次；

② 用温度计测出被测溶液的温度值；

③ 按"温度"键，使仪器显示为被测溶液温度值，然后按"确认"键；

④ 把电极插入被测溶液内，用玻璃棒搅拌溶液，使溶液均匀后读出该溶液的 pH。

（3）测量完毕后，按下电源开关按键 9，切断电源。取下电极，用蒸馏水淋洗干净并用滤纸吸干电极上的水分，将电极保护套套上，电极套内应放少量外参比补充液，以保持电极球泡的湿润，切忌浸泡在蒸馏水中。

附录六　722型光栅分光光度计的使用方法

用来测量和记录待测物质对可见光的吸光度并进行定量分析的仪器，称为可见分光光度计。

一、原理

当一束单色光照射待测物质的溶液时，若某一定频率（或波长）的可见光所具有的能量（hf）恰好与待测物质分子中的价电子的能级差相适应（即 $\Delta E = E_2 - E_1 = hf$）时，待测物质将对该频率（波长）的可见光产生选择性的吸收。用可见分光光度计可以测量和记录其吸收程度（吸光度）。由于在一定条件下，吸光度 A 与待测物质的浓度 c 及吸收池长度 l 的乘积成正比，即

$$A = Kcl$$

所以，在测得吸光度 A 后，可采用标准曲线法、比较法以及标准加入法等方法进行定量分析。

二、结构

722型光栅分光光度计，采用自准式色散系统和单光束结构，色散元件为衍射光栅，使用波长为 $330 \sim 800nm$，数字显示读数，还可以直接测定溶液的浓度。其外形如附图4。

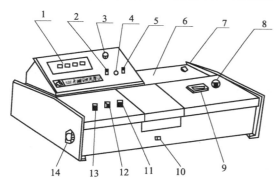

附图4　722型分光光度计

1—数字显示器；2—吸光度调零旋钮；3—选择开关；
4—吸光度调斜率电位；5—浓度旋钮；6—光源室；
7—电源开关；8—波长手轮；9—波长刻度窗；
10—试样架拉手；11—100％T旋钮；12—0％T旋钮；
13—灵敏度调节旋钮；14—干燥器

三、使用方法

722型光栅分光光度计的使用方法如下所述。

1. 操作步骤

（1）在接通电源前，应对仪器的安全性进行检查，电源线接线应牢固，接地线通地要良好，各个调节旋钮的起始位置应该正确，然后再接通电源。

（2）将灵敏度旋钮调至"1"挡（放大倍率最小）。调波长调节旋钮至所需波长。

（3）开启电源开关，指示灯亮，选择开关置于"T"，调节透光度"100％"旋钮，使数字显示"100.0"左右，预热20min。

（4）打开吸收池暗室盖（光门自动关闭），调节"0"旋钮，使数字显示为"00.0"，盖上吸收池盖，将参比溶液置于光路，使光电管受光，调节透光度"100％"旋钮，使数字显示为"100.0"。

（5）如果显示不到"100"，则可适当增加电流放大器灵敏度挡数，但应尽可能使用低挡数，这样仪器将有更高的稳定性。当改变灵敏度后必须按（4）重新校正"0"和"100"。

（6）按（4）连续几次调整"00.0"和"100"后，将选择开关置于"A"，调节吸光度调零旋钮，使数字显示为".000"。然后将待测溶液推入光路，显示值即为待测样品的

吸光度值 A。

(7) 浓度 c 的测量。选择开关由"A"旋至"c"，将标准溶液推入光路，调节浓度旋钮。使得数字显示值为已知标准溶液浓度数值。将待测样品溶液推入光路，即可读出待测样品的浓度值。

(8) 如果大幅度改变测试波长时，在调整"00.0"和"100"后稍等片刻（因光能量变化急剧，光电管受光后响应缓慢，需一段光响应平衡时间），当稳定后，重新调整"00.0"和"100"即可工作。

2. 注意事项

(1) 使用前，使用者应该首先了解本仪器的结构和原理，以及各个旋钮的功能。

(2) 仪器接地要良好，否则显示数字不稳定。

(3) 仪器左侧有一只干燥剂筒，应保持其干燥，发现干燥剂变色应立即更新或烘干后再用。

(4) 当仪器停止工作时，关上本机电源开关，切断外接电源，并罩好仪器。

附录七 化学试剂的规格

化学试剂规格的划分，各国不一致。我国化学试剂等级划分可参阅下表。

我国习惯上的等级和英文缩写	优级纯 G.R.	分析纯 A.R.	化学纯 C.P.	实验试剂(化学用) L.R.
全国化学试剂统一质量标准	一级试剂	二级试剂	三级试剂	四级试剂
瓶签颜色	绿色	红色	蓝色	棕黄色

对于不同的化学药品，各种规格要求的标准不同。便总的说来，优级纯（一级试剂）杂质含量最低，纯度最高，适合于精确分析及研究用。分析纯（二级试剂）及化学纯（三级试剂）试剂适合于一般分析及研究工作。在一般化学实验中可采用价格低廉的实验试剂（四级试剂）。

参 考 文 献

［1］ 陈荣三等．无机及分析化学实验［M］．北京：人民教育出版社，1978.
［2］ 陈学泽．无机及分析化学实验［M］．第2版．北京：中国林业出版社，2008.
［3］ 俞群娣，林琳．大学化学实验［M］．杭州：浙江大学出版社，2011.
［4］ 中山大学等校．无机化学实验［M］．北京：人民教育出版社，1978.
［5］ 天津大学普通化学教研室．无机化学演示实验［M］．北京：人民教育出版社，1979.
［6］ 上海化工学院无机化学教研组．无机化学实验［M］．北京：人民教育出版社，1979.
［7］ 刘洪范．化学实验基础［M］．济南：山东科学技术出版社，1983.
［8］ 《中级无机化学实验》编写组．中级无机化学实验［M］．北京：北京师范大学出版社，1984.
［9］ 钱可律等．无机及分析化学实验［M］．北京：高等教育出版社，1987.
［10］ 王致勇等．实验无机化学［M］．北京：清华大学出版社，1987.
［11］ 彭广兰．简明无机化学实验［M］．北京：高等教育出版社，1991.
［12］ 武汉大学等三校．分析化学实验［M］．北京：人民教育出版社，1978.
［13］ 刘承．无机化学实验［M］．西安：陕西科学技术出版社，1994.
［14］ 胡镜．基础实验化学［M］．北京：北京航空航天大学出版社，2006.
［15］ 林宝风等．基础化学实验技术绿色化教程［M］．北京：科学出版社，2003.
［16］ 刘约权．实验化学［M］．第2版．北京：高等教育出版社，2005.
［17］ 武汉大学主编．分析化学实验［M］．第4版．北京：高等教育出版社，2001.
［18］ 北京大学主编．基础分析化学实验［M］．第2版．北京：高等教育出版社，2000.
［19］ 武汉大学主编．分析化学［M］．第4版．北京：高等教育出版社，2000.
［20］ 武汉大学主编．分析化学实验［M］．第3版．北京：高等教育出版社，1994.
［21］ 孙成主编．环境监测实验［M］．北京：科学出版社，2003.